农民学计算机用计算机读本

顾问　裘樟鑫
编著　王丰炜　冯国华

浙江工商大学出版社
ZHEJIANG GONGSHANG UNIVERSITY PRESS

图书在版编目(CIP)数据

农民学计算机用计算机读本 / 王丰炜，冯国华编著.
— 杭州：浙江工商大学出版社，2012.9
ISBN 978-7-81140-616-0

Ⅰ．①农… Ⅱ．①王… ②冯… Ⅲ．①电子计算机—
基本知识 Ⅳ．①TP3

中国版本图书馆 CIP 数据核字(2012)第 228232 号

农民学计算机用计算机读本

王丰炜　冯国华　编著

责任编辑	钟仲南　柯　希
责任校对	周敏燕
封面设计	王妤驰
责任印制	汪　俊
出版发行	浙江工商大学出版社
	（杭州市教工路 198 号　邮政编码 310012）
	（E-mail:zjgsupress@163.com）
	（网址:http://www.zjgsupress.com)
	电话:0571-88904980,88831806(传真)
排　　版	杭州朝曦图文设计有限公司
印　　刷	杭州杭新印务有限公司
开　　本	850mm×1168mm　1/32
印　　张	5.25
字　　数	132 千
版 印 次	2012 年 9 月第 1 版　2012 年 9 月第 1 次印刷
书　　号	ISBN 978-7-81140-616-0
定　　价	18.00 元

前 言
FOREWORD

　　随着农民收入的提高和一系列"家电下乡"活动的开展,计算机在农村中的普及率越来越高了,但是计算机知识的普及率远远低于计算机的普及率。我们编本书前在来自农村的中职学生中做了个调查,70%以上的农村家庭拥有计算机,但只有不到15%的学生父母会使用计算机,即使使用也只是上网看电影和打牌,不会进行其他操作。基于上述情况,为了让农村家庭的计算机利用起来,在农民朋友中普及计算机知识,我们精心策划和编写了这本书。

　　本书从农民朋友的基本需求出发,由浅入深地安排章节内容。全书分为两大部分,第一部分包括第一章到第三章,是计算机的基础知识部分。第一章介绍计算机的硬件组成和购买知识及部分维护方法和排除故障知识;第二章介绍 Windows 操作知识和文字输入方法;第三章介绍了两个常用的软件,包括 Word 和 Excel。第二部分包括第四章到第六章,是计算机的应用知识。第四章为网络基础知识;第五章介绍计算机网络在我们生活中的几个实际应用;第六章介绍计算机网络在娱乐方面的应用和我们应当具备的网络安全知识。

　　本书是编者根据多年计算机教学和实际应用经验编写而成的。编写过程中,编者虽未敢有所疏虞,但纰漏和不尽如人意之处在所难免,请广大读者提出宝贵意见和建议,以便使之更臻完善。

编　者

2012 年 7 月

目 录
CONTENTS

第一章　计算机硬件和选购

第一节　计算机简介

一、计算机概况

计算机是 20 世纪人类最伟大的发明之一。随着社会信息化进程的加速,计算机已经走进千家万户,成为人们工作和生活当中的必需品。那么什么是计算机呢? 计算机,全称电子计算机,俗称电脑,是一种能够按照程序运行,自动、高速处理海量数据的现代化智能电子设备。计算机由硬件和软件组成,没有安装任何软件的计算机则被称为裸机。计算机可以帮人们干很多事情。如今在金融、财政、卫生、教育和交通等部门都可以看到计算机,生活中的计算机也成为人们获取信息、网上购物、休闲娱乐的工具。计算机的应用主要有以下几个方面:科学计算、数据处理、实时控制、辅助设计、人工智能、虚拟现实、多媒体技术、网络通信等。

二、计算机的发展

计算机的诞生酝酿了很长一段时间。1946 年 2 月,第一台电子计算机 ENIAC 在美国加利福尼亚州问世,ENIAC 用了 18000 个电子管和 86000 个其他电子元件,有两间教室那么大,运算速度却只有每秒 300 次各种运算或 5000 次加法,耗资超过 100 万美元。尽管 ENIAC 有许多不足之处,但它毕竟是计算机的始祖,揭开了计算机时代的序幕。

1

计算机的发展到目前为止共经历了四个时代,1946 年到 1959 年这段时期被称为"电子管计算机时代"。第一代计算机的内部元件使用的是电子管。由于一部计算机需要几千个电子管,每个电子管都会散发大量的热量,因此,如何散热是一个令人头痛的问题。电子管的寿命最长只有 3000 个小时,计算机运行时常常发生由于电子管被烧坏而使计算机死机的现象。第一代计算机主要用于科学研究和工程计算。

1960 年到 1964 年,由于在计算机中采用了比电子管更先进的晶体管,所以我们将这段时期称为"晶体管计算机时代"。晶体管比电子管小得多,不需要暖机时间,消耗能量较少,处理更迅速、更可靠。第二代计算机的程序语言从机器语言发展到汇编语言。接着,高级语言 FORTRAN 语言和 COBOL 语言相继开发出来并被广泛使用。这时,开始使用磁盘和磁带作为辅助存储器。第二代计算机的体积和价格都下降了,使用的人也多起来,计算机工业迅速发展。第二代计算机主要用于商业、大学教学和政府机关办公。

从 1965 年到 1970 年,集成电路被应用到计算机中来,因此,这段时期被称为"中小规模集成电路计算机时代"。集成电路(Integrated Circuit,简称 IC)是做在晶片上的一个完整的电子电路,这个晶片比手指甲还小,却包含了几千个晶体管元件。第三代计算机的特点是体积更小、价格更低、可靠性更高、计算速度更快。第三代计算机的代表是 IBM 公司花了 50 亿美元开发的 IBM 360 系列。

从 1971 年到现在,被称之为"大规模集成电路计算机时代"。第四代计算机使用的元件依然是集成电路,不过,这种集成电路已经大大改善,它包含着几十万到上百万个晶体管,人们称之为大规模集成电路(Large Scale Integrated Circuit,LSI)和超大规模集成电路(Very Large Scale Integrated Circuit,VLSI)。1975 年,美国 IBM 公司推出了个人计算机 PC(Personal Computer),从此,人们对计算机不再陌生,计算机开始深入人类生活的各个方面。

三、计算机的组成

一个完整的计算机系统由计算机硬件系统和软件系统组成。硬件是计算机系统的物质基础，是软件载体。它由以下五部分组成。

(一)运算器

运算器是完成各种算术运算和逻辑运算的装置，能进行加、减、乘、除等数学运算，也能比较、判断、查找、逻辑运算等。

(二)控制器

控制器是计算机的指挥中心，负责决定执行程序的顺序，给出执行指令时机器各部件需要的操作控制命令。

控制器由程序计数器、指令寄存器、指令译码器、时序产生器和操作控制器组成，它是发布命令的"决策机构"，即完成协调和指挥整个计算机系统的操作。

控制器根据事先给定的命令发出控制信息，使整个电脑指令执行过程一步一步地进行，是计算机的神经中枢。

(三)存储器

根据冯·诺依曼存储程序控制的思想，计算机必须有保存数据和程序的记忆装置，这就是存储器。计算机中的全部信息，包括输入的原始数据、计算机程序、中间运行结果和最终运行结果都保存在存储器中。

存储器按用途可分为主存储器(内存储器)和辅助存储器(外存储器)。

1. 主存储器

主存储器又可分为只读存储器(Read－Only Memory，简称ROM)和随机存储器(Random Access Memory，简称 RAM)。ROM 中的数据只能读不能写，断电后数据内容不会丢失。RAM

主要用于存储工作时的程序和数据,断电后数据内容会丢失。内存的特点为容量小、速度快。

电脑中的 RAM 一般集成在一个长方形的小片上,称为"内存条",把它插在主板的内存插槽中就构成了计算机的内存。内存用来存放当前正在执行的数据和程序,但仅用于暂时存放,关闭电源或断电时,数据就会丢失。

目前,内存条的容量主要有 2GB、4GB 等规格。PC 机中使用较多的是 168 线的 DDR2、DDR3 内存条。品牌主要有三星(SΛMSUNG)、金士顿(Kingston)、现代(HY)等。

2. 辅助存储器

辅助存储器即外存储器,它作为主存储器的后备和补充被广泛应用。与主存储器相比,它的特点是存储容量大、成本低、存取速度慢、可以永久地脱机保存信息。常用的辅助存储器有软盘存储器、硬盘存储器、光盘存储器和优盘存储器等。

(四)输入设备

输入设备是向计算机输入信息的装置。常见的输入设备有键盘、鼠标、扫描仪、触摸屏、条形码阅读器、光笔和麦克风等。

(五)输出设备

输出设备用于接收或传输计算机的处理结果,也是计算机硬件系统的重要组成部分。常见的输出设备有显示器、打印机、绘图仪和音响等。

四、计算机各类配件

(一)主板

主板也称系统板或母板,是计算机系统基本核心部件。主板一般包括:CPU 插槽、内存插槽、高速缓存、控制芯片组、总线扩展(ISA、PCI、AGP)、驱动器接口(IDE 接口和软驱接口)、主板电源插座、外设接口（键盘接口、鼠标接口）、串行口（COM）、并行口（LPT）、CMOS 和 BIOS 芯片等。

（二）微型计算机接口

微型计算机接口使计算机主机与外部设备、网络等进行有效连接，以便进行数据和信息交换。例如，与显示器连接的 VGA 接口、与音响或耳机连接的音频接口、与网络连接的 RJ45 接口等。实现这些功能的设备可以做成独立的电路板卡（一般称为适配器），插在主板相应的插槽中，提供相应的接口。例如，显示适配器（显卡）、网络适配器（网卡）、声音适配器（声卡）和电视接收卡等。现在很多主板上都集成了大多数的适配器，并在主板上提供了相应的接口。

（三）USB 接口

USB 中文名称为通用串行总线，是近年逐步在 PC 领域广为应用的新型接口技术，已经在各类外部设备中被广泛采用。目前，USB 接口有两种：USB1.1 和 USB2.0。

（四）显示器

显示器是计算机的主要输出设备，通常由显示器和显示适配器（显卡）一起组成计算机的显示子系统。它是用户和计算机之间对话的主要信息窗口。显示器的类型很多，按显示器的显示器件分可分为阴极射线管显示器（CRT）和液晶显示器（LCD）。显示器的性能指标如下。

1. 分辨率

简单说就是指屏幕上水平方向和垂直方向所显示的点数。比如 1024×768，其中，"1024"表示屏幕上水平方向显示的点数，"768"表示垂直方向显示的点数。分辨率越高，图像也就越清晰，画质更好。

2. 屏幕尺寸

显示器以英寸为单位,并以屏幕对角线长度来表示。常见的显示器的尺寸有 17 英寸、19 英寸和 21 英寸等。目前,屏幕水平方向与垂直方向之比正由 4∶3 向 16∶9 的宽屏过渡,这样更符合人类的视觉习惯,可以使视野更宽阔一些。

3. 点距

屏幕上水平方向上相邻两个颜色相同的荧光点的距离称为点距。常见的显示器点距规格有 0.28mm、0.25mm、0.20mm。点距越小的显示器屏幕越清晰,显示的图像越细腻。

4. 刷新频率

刷新频率就是屏幕刷新的速度。刷新频率越低,图像闪烁和抖动越厉害,眼睛越容易疲劳。当采用 75Hz 以上的刷新频率时可基本消除闪烁。

(五)键盘

键盘是常用的输入设备,一般常见的是 104 键的 Windows 键盘。键盘一般包括主键盘区、小键盘区、功能键区、数字键区等。键盘的主要接口有 PS/2 和 USB 接口,此外有的键盘采用无线连接,更有根据人体工程学设计的键盘。

(六)鼠标

鼠标是计算机中使用最频繁的输入设备之一。从机械鼠标到光电鼠标,从光电鼠标到激光鼠标再到无线鼠标,鼠标的使用越来越方便。

(七)打印机

打印机主要用于打印数据、文字和图形等输出结果。常见的打印机可以分为击打式和非击打式打印机。针式打印机为常见的击打式打印机,它速度慢,噪音大,但耗材便宜。喷墨打印机和激光打印机为常见的非击打式打印机。喷墨打印机价格便宜、体积小、噪音低、打印质量高,但对纸张要求高、墨水消耗量大,适合家庭购买。激光打印机是激光扫描技术与电子照相技术的复合体,它将计算机输出的信号转换成静电磁信号,磁信号使磁粉吸附在纸上形成有色字体。激光打印机打印质量高,字体光滑美观,打印速度快,噪音小,但价格稍高一些。

(八)硬盘

硬盘的盘片和驱动器一起被完全密封在一个金属盒内,且盘片不可更换。大多数盘片的转速高达 7200rpm,因此,存取速度非常快,而且容量已从几百 MB 发展到几百 GB。硬盘一般固定安装在主机箱内。

(九)闪存

便携存储(USB Flash Disk),也称为闪存盘,是采用 USB 接口和闪存(Flash Memory)技术结合的携带方便外观精美时尚的移动存储器。闪存盘以 Flash Memory 为介质,所以具有可多次擦写、速度快而且防磁、防震、防潮的优点,是移动数码产品的理想存储介质。

闪存分为闪存盘和闪存卡。闪存盘即常说的 U 盘,它是一个有 USB 接口的无需物理驱动器的微型高容量移动存储产品,可以通过 USB 接口与电脑连接,实现即插即用,具有小巧、可靠、易于操作的特点。存储容量从 16MB～16GB 不等,可满足人们不同的需求,深受广大计算机使用者的青睐。

闪存卡是利用闪存技术存储电子信息的存储器,一般在数码相机、掌上电脑、MP3 等小型数码产品中作为存储介质,外形小巧,犹如一张卡片,所以称之为闪存卡。根据不同的生产厂商和应用,闪存卡分为 SM 卡、CF 卡、MMC 卡、SD 卡、记忆棒、XD 卡和微硬盘等。

(十)移动硬盘

移动硬盘就是为了适配器的硬盘,以磁介质为存储材料,容量大,体积也大,但单位容量价格低,一般用 USB2.0 接口的多。

第二节 计算机选购和连接

一、计算机选购

计算机分为品牌机和兼容机,兼容机就是平时所说的组装机。如果有懂行的朋友帮忙,我们可以配置一台性价比较高的兼容机,一般来说只要选择市场上的主流产品即可。

如果没有人帮忙,我们可以选择品牌计算机,这就要方便很多,目前市场上的品牌机主要有联想、戴尔、惠普等。选购时,我们也可以对那些配置单上的数据进行比较,选择自己想要的计算机。但有一点要指出的是,品牌机经销商往往会告诉你很多配件的参数,唯独主板的情况没有介绍清楚。品牌机外观看上去都是好的,它的短板也就在主板上面。很多品牌计算机会随机附送正版的 Windows 操作系统,这个是品牌计算机的优势,但也有些品牌计算机是不带操作系统的,这些我们在购买时可以咨询清楚。另外,品牌计算机还有一个优势是兼容机无法比拟的——品牌计算机大多具有良好的售后服务。对于我们来说,品牌计算机具有很大的吸引力,而且目前品牌计算机和兼容机价格也非常接近,所以挑选品牌计算机也是一个明智的选择。了解了这些知识之后,读者也可以通过试用的方式,同时进行横向的比较,清楚自己需要什么样的计算机,最终选择一台适用的计算机。

二、计算机连接

买完计算机,将计算机带回家后,显示器、主机、键盘、鼠标和音响等都是分开的,如图 1-1 所示,那么如何把它们连接起来呢?
图1-2、图 1-3、图 1-4 和图 1-5 为计算机上常见的一些接口。

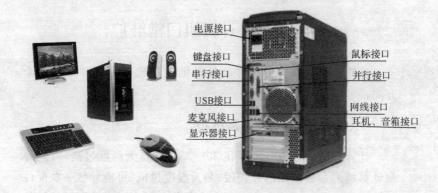

电源接口
键盘接口
串行接口
USB接口
麦克风接口
显示器接口

鼠标接口
并行接口
网线接口
耳机、音箱接口

图 1-1 计算机各配件   图 1-2 主机箱后部接口图

图 1-3 显示器后部接口图   图 1-4 PS/2 接口图

图 1-5 VGA 接口图

计算机中的接口绝大部分都有方向性,由于接口的防错设计,使得连接时更加方便。

第三节 计算机日常维护

计算机日常维护分硬件的日常维护和软件的日常维护两个方面。

一、计算机硬件的日常维护

计算机工作环境一般要在 20～25℃。夏天温度过高,可能导致计算机寿命缩短或芯片烧毁;冬天温度过低,可能导致一些配件之间接触不良而不能工作。所以有条件的话可以在放置计算机的房间内安装空调。

一般计算机工作的房间要通风,湿度不能过高,否则计算机的电路板易腐蚀。另外,计算机还要防尘、防震、防静电和防强磁场,对于一些电压不太稳定的地区,最好还要配置不间断电源(UPS)。

二、计算机软件的日常维护

定期进行磁盘文件扫描和碎片整理。定期维护注册表文件和计算机病毒的查杀。

另外,要及时修复系统漏洞并删除不再使用的应用程序。

第二章　Windows 操作系统的使用

第一节　计算机的开启

计算机开机应遵循先开显示器再开主机，关机应遵循先关主机再关显示器的原则。开机后，计算机会跳出很多画面，经过 1 分钟左右才能开始使用计算机，在这个过程中我们看到的画面主要有"开机自检"，如图 2-1 所示，主要显示了 BIOS 信息、主板信息、CPU 信息及内存检测等。如图 2-2 所示的是"Windows XP 正在启动"，如图 2-3 所示的是"Windows XP 桌面"。

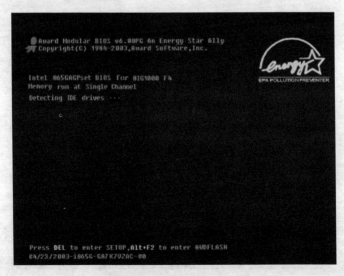

图 2-1　开机自检

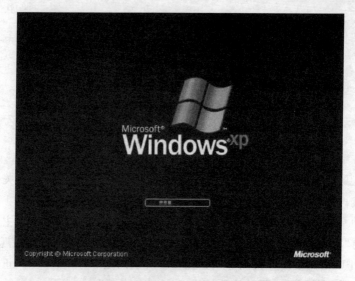

图 2-2　Windows XP 正在启动

图 2-3　Windows XP 桌面

进入"Windows XP 桌面"后,我们便可以开始学习并使用计算机了。

第二节　鼠标和键盘的使用

一、鼠标的使用

鼠标有如下这些操作。

指向:移动鼠标指针指向屏幕上的某一个对象,如按钮、图标、菜单等。

单击:按一下鼠标的左键,主要用于选定或打开对象。

双击:连续快速按两下鼠标左键,主要用于打开对象。

右击:按一下鼠标的右键,主要用于打开快捷菜单。

拖动:将鼠标指向某一对象,按住左键不放,移动鼠标到目标位置才放开。主要用于移动对象。

二、键盘的使用

(一)正确的姿势

只有正确的姿势才能做到准确快速输入。

调整椅子高度,使前臂与键盘平行,前臂与后臂夹角略小于90 度;上身保持笔直,距离键盘约 20 厘米,并将全身重量置于椅子上。

手指自然弯曲成弧形,指端第一节关节与键盘垂直,双手与前臂成直线,手不要过于向里或向外弯曲。

打字时,手腕悬起,手指指肚要轻轻放在字键的正中位置,两手拇指悬空放在空格键上。此时手腕和手掌都不能触及键盘或计算机台任何部位。

（二）做到"击键"和"盲打"

"击键"指手指要用敲击的方法轻轻地击打字键,击键完毕立即缩回。

"盲打"指打字时不看键盘。它是打字员的基本要求,要想有一定的打字速度,必须学会盲打。盲打要求打字的人对于键盘有很好的定位能力。练习盲打的最基本方法是记住键盘指法。

（三）键盘指法分区

正确的键盘指法是提高计算机信息输入速度的关键。键盘指法分区如图 2-4 所示,被分配在双手的 10 个手指上。要求操作者必须严格按照键盘指法分区规定的指法敲击键盘,每个手指应打规定的字符。

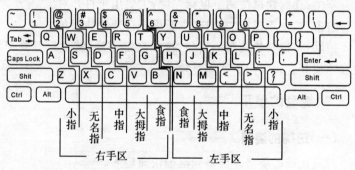

图 2-4　指法图

十个手指所规定分管的字符键:

左小指负责击打:1、Q、A、Z、Shift;

左无名指负责击打:2、W、S、X;

左中指负责击打:3、E、D、C;

左食指负责击打:4、R、F、V、5、T、G、B;

右食指负责击打:6、Y、H、N、7、U、J、M;

右中指负责击打:8、I、K、,;

右无名指负责击打:9、O、L、.;

右小指负责击打:0、P、;、/、Shift、Enter;

两个大拇指负责击打空格键。

键盘中的 A、S、D、F、J、K、L、;八个键是基准键,在打字准备时,可以把手指分布在基准键的相应键位,它是手指在键盘上应保持的固定位置。

第三节　汉字输入

汉字的输入方法有很多,可以拼音输入,也可以拼形输入。普通话基础较好的朋友可以使用拼音输入,如果普通话不是很标准,可以使用拼形输入法。下面来看看两种常用输入法的使用方法。

一、搜狗拼音输入法

搜狗拼音输入法是一种高效的拼音输入法。它是搜狗(www.sogou.com)推出的一款基于搜索引擎技术、特别适合网民使用的新一代输入法产品。

(一)添加搜狗输入法

将鼠标移到要输入的地方单击,使系统进入到输入状态,然后按"Ctrl＋Shift 键"切换输入法,直至搜狗拼音输入法出来即可。当系统仅有一个输入法或者搜狗输入法为默认输入法时,按下"Ctrl 键＋空格键"即可切换出搜狗输入法。

由于大多数人只用一个输入法,为了方便、高效起见,可以把自己不用的输入法删除掉,只保留一个最常用的即可。可以通过系统的"语言文字栏" CH █ ? 右键的"设置"选项把自己不用的输入法删除掉(这里的删除并不是卸载,以后还可以通过"添加"选项添上)。

15

(二)状态条

状态条有标准和 mini 两种，可以通过"设置属性"→"显示设置"修改。

标准状态条为 。状态条 中上的每一个图标分别代表"输入状态""全角/半角符号""中文/英文标点""软键盘"和"设置菜单"。

(三)输入窗口

搜狗输入法的输入窗口为

```
sou'gou'pin'yin              ◂▸
1.搜狗拼音 2.搜狗 3.搜购 4.艘 5.嗖
```

。

搜狗输入法的输入窗口很简洁，上面一排是所输入的拼音，下面一排是候选字，输入所需的候选字对应的数字，即可输入该词。第一个词默认是红色，单击空格键即可输入。

(四)翻页选字

搜狗拼音输入法默认的翻页键是"逗号（，）句号（。）"，即输入拼音后，按"句号（。）"进行向下翻页选字，相当于"PageDown"键，找到所选字后，按其相对应的数字键即可输入。我们推荐读者使用这两个键翻页，因为用"逗号""句号"时手不用移开键盘主操作区，效率最高，也不容易出错。

输入法默认的翻页键还有"减号（—）等号（＝）""左右方括号（[]）"，可以通过"设置属性"→"按键"→"翻页键"来进行设定。

(五)简拼的使用

搜狗输入法现在支持的是声母简拼和声母首字母简拼。例如，你想输入"张靓颖"，只要输入"zhly"或者"zly"都可以得到"张靓颖"。同时，搜狗输入法支持简拼和全拼的混合输入，例如：输入"srf""sruf""shrfa"都是可以得到"输入法"的。

(六)中英文切换输入

输入法默认是按下"Shift"键就切换到英文输入状态，再按一下"Shift"键就会返回中文状态。用鼠标点击状态栏上面的"中"字图标也可以切换。

除了用"Shift"键切换以外,搜狗输入法也支持回车输入英文,和 V 模式输入英文。输入较短的英文时使用能省去切换到英文状态下的麻烦。具体使用方法如下。

回车输入英文:输入英文,直接敲回车键即可。

V 模式输入英文:先输入"V",然后再输入英文,可以包含@＋*/－等符号,然后敲空格即可。

(七)快速输入人名

输入要输入的人名拼音,会在候选中出现带"n"标记的人名,这就是人名智能组词给出的其中一个人名,并且输入框有"按逗号进入人名组词模式"的提示。

如果提供的人名选项不是你想要的,那么可以按逗号退出人名组词模式,选择你想要的人名。

(八)设置窗口

搜狗输入法的设置窗口,如图 2-5 所示。

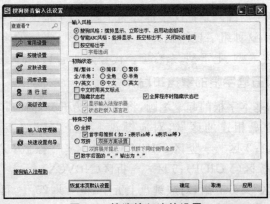

图 2-5　搜狗输入法的设置

17

在状态条上点击右键或者点击小扳手图标都可以进入设置属性窗口。

二、搜狗五笔输入法

（一）概述

五笔输入法是一种纯字形的编码方案。它从字形入手，把汉字拆分为字根，并按笔画组成字根排列在键盘上。它能避开汉字的读音，重码少。

（二）汉字基本笔画

所有汉字都是由笔画构成的，在书写汉字时，不间断写成的一条线段叫做汉字的笔画。在五笔字型输入法中，对笔画的分类只考虑其运笔方向，而不计其轻重长短。汉字的笔画分为五类：横、竖、撇、捺、折。为了便于记忆，依次用1、2、3、4、5作为代号。

在汉字的具体形态结构中产生某些变形的笔画，作了如下特别的规定：提笔视为横，如"扌""现"中的提笔为横；点笔视为捺，如"寸""雨"中的点为捺；左竖钩为竖，如"判"字的末笔画应属于竖；转折均为折，即带转折、拐弯的笔画，都属于折。

（三）汉字的三种字形

五笔字型编码是把汉字拆分为字根，而字根又按一定的规律组成汉字，这种组字规律就称为汉字的字形。汉字的字形分为三种结构：左右型、上下型、杂合型。代号分别是1、2、3。

（四）五笔字根的键盘布局

根据基本字根的起笔笔画，将字根分为五类，同一起笔的一类安排在键盘相连的区域，对应键盘上五个"区"：1 区——横区（GFDSA）；2 区——竖区（HJKLM）；3 区——撇区（TREWQ）；4 区——捺区（YUIOP）；5 区——折区（NBVCX）。

每"区"又分五组，对应键盘上五个"位"，共 25 位，可用其区位号 11、12、13、…、53、54、55 来表示。它们分布在键盘的 A～V 共 25 个键位上,每个键位上取一个字根作为其键名字根,各区位上的键名字根见字根图。

(五)五笔字根的键位特征

五笔字型的设计力求有规律、不杂乱,尽量使同一键上的字根在形、音、义方面能产生联想,便于迅速熟练掌握。字根的键位有以下特征:第一,字根首笔笔画代号和所在的区号一致。第二,相当一部分字根的第二笔代号与其"位号"保持一致。第三,同一键位上的字根形态相近或有渊源。第四,部分字根的笔画数目与位号一致。

(六)五笔字根图

五笔字根图如图 2-6 所示。

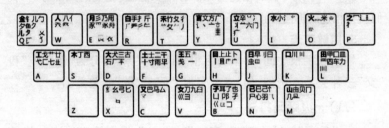

图 2-6 五笔字根图

(七)拆字原则

1. 书写顺序

拆分"合体字"时,一定要按照正确的书写顺序进行。例如,"新"只能拆"立、木、斤",不能拆成"立、斤、木";"中"只能拆成"口、丨",不能拆成"丨、口";"夷"只能拆成"一、弓、人",不能拆成"大、弓"。

2. 取大优先

按书写顺序拆分汉字时,应以再添一个笔画便不能成为字根为限,每次都拆取一个笔画尽可能多的字根。例如,"世"的第一种拆法:一、凵、乙;第二种拆法:廿、乙。显然,前者是错误的,因为其第二个字根"凵",完全可以凑到"一"上,形成一个更大的字根"廿"。

3. 兼顾直观

拆分汉字时,为照顾字根完整性,有时不得不牺牲书写顺序和取大优先的原则,形成个别例外的情况。例如,"国"按书写顺序应拆成:"冂、王、丶、一",但这样便破坏了汉字构造的直观性,故只好拆做"囗、王、丶"。

4. 能连不交

当一个字既可拆成相连的几部分,也可拆成相交的几部分时,我们认为相连的拆法是正确的。例如,于:"一、十"对,而"二、丨"错。

5. 能散不连

笔画和字根之间,字根与字根之间的关系,可分为"散""连"和"交"三种关系。例如,倡:三个字根之间是"散"的关系。

(八)一级简码打法

一级简码就 25 个汉字,牢记即可。(为提高输入速度而将最常用的二十五个汉字定为一级简码,如图 2-7 所示,一个字母键再加一个空格键就可以打出来)。

图 2-7　一级简码

(九)二级简码打法

五笔输入法中，每个字都需要打四个键，为了加快速度，把一些使用频率高的汉字设为二键输入，这就是二级简码。二级简码分为以下 4 种情况。

1. 两个字根＋空格

如"好"＝"女"＋"子"＋空格。

2. 三个以上字根

只打前面两个成字字根，如"渐"＝"氵"＋"车"＋空格。

3. 成字字根

既是字根也是单个汉字，先打字根键，再打该字第一笔。如"米"＝"米"＋"丶"＋空格。

4. 键名汉字

在键盘上每个字母键都有一个英文名称，连击两次键名字所在键后再加空格。如"大"＝"大"＋空格。

(十)三级简码打法

三级简码是把一些比较常用的字设为三键完成，分为以下三种情况。

1. 三个或多于三个字根

打法＝第一字根＋第二字根＋第三字根＋空格。如："些"＝"止"＋"匕"＋"二"＋空格。

2. 两个字根

打法＝第一字根＋第二字根＋末笔识别码＋空码。如："问"＝"门"＋"口"＋"D"＋空格。

3. 成字字根

打法＝字根键＋该字第一笔＋第二笔＋空格。例如，"丁"＝"丁"＋"一"＋"丨"＋空格。

(十一)末笔识别码

打完字根还打不出该字时,需要加一个末笔识别码。它是由"末笔"代号加"字形"代号而构成的一个附加码。

末笔识别码公式:末笔识别码＝末笔画＋字结构。定位"末笔识别码"分如下两步:

该字末笔是哪种笔画(一、丨、丿、丶、乙,对应1、2、3、4、5区)。

该汉字是什么结构,如左右结构、上下结构、杂合结构(对应1、2、3号)。

例如,"玫"的末笔识别码＝末笔画(捺4)＋字结构(左右1)＝4区的第一个字母＝Y。

"青"的末笔识别码＝末笔画(横1)＋字结构(上下2)＝1区的第二个字母＝F。

"问"的末笔识别码＝末笔画(横1)＋字结构(杂合3)＝1区的第三个字母＝D。

(十二)全码打法

包含四个或四个以上字根,无法通过简码打出的汉字,称为四级全码。分为以下情况:

1. 四个或四个以上字根的汉字

打法＝第一字根＋第二字根＋第三字根＋末字根。如"命"＝"人"＋"一"＋"口"＋"卩"。

2. 只有三个字根的汉字

打法＝第一字根＋第二字根＋第三字根＋末笔识别码。如"诵"＝"讠"＋"厶"＋"用"＋"H"。

3. 四级成字字根

打法＝字根键＋字根第一笔＋字根第二笔＋字根末笔。如"干"＝"干"＋"一"＋"一"＋"丨"。

4.四级键名汉字

打法＝键名键＋键名键＋键名键＋键名键。如"土"="土"+"土"+"土"+"土"。

(十三)词组打法

五笔中可以一次输入一个词组,不必将其逐字拆分。词组分为以下情况:

1.二字词＝首字第一字根＋首字第二字根＋第二字第一字根＋第二字第二字根

如:"明天"="日"+"月"+"一"+"大"。

2.三字词＝首字第一字根＋第二字第一字根＋第三字第一字根＋第三字第二字根

如:"计算机"="讠"+"竹"+"木"+"几"。

3.四字词＝按顺序打每个字的第一个字根

如:"欢天喜地"="又"+"一"+"士"+"土"。

4.多字词＝按顺序打前三个字的第一个字根＋最后一个字的第一字根

如"中华人民共和国"="口"+"亻"+"人"+"口"。

第四节　手写板的安装和使用

对于年纪大的朋友,学习拼音输入法或五笔输入法都是很困难的事,最方便的办法就是配一块好用的手写板,即可方便快速地输入汉字了。

一、手写板的安装

以市场最普通的几十元的手写板——"文明笔压力板"为例进行说明。

第一步,把手写板的 USB 接口连接到计算机的 USB 接口上。

第二步,放入文明中文输入系统的安装光盘,在自动弹出的界面中,选择"安装软件"。也可以点击"浏览光盘",双击光盘上的"Setup"进行安装。

第三步,选择要安装的语言,按"确定"。

第四步,按"下一步"。

第五步,阅读文明手写辨识系统最终用户许可协议,确认后点选"接受",再按"下一步"。

第六步,填写客户信息,按"下一步",如图 2-8 所示。

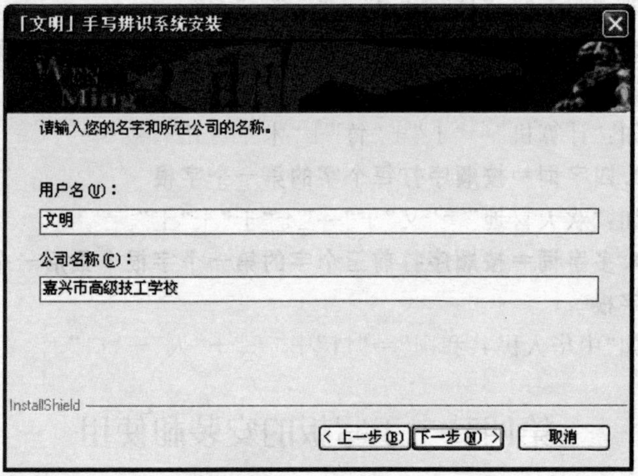

图 2-8　客户信息

第七步,选择安装类型"个人用户",按"下一步"。

第八步,选择安装的目录,按"下一步"。

第九步,按"下一步",如图 2-9 所示。

第十步,按"安装",软件将自动进行安装。

第十一步,如选择每次开启计算机时同时自动打开"文明手写系统",请在选择框中打"√"并点击"下一步"。

第十二步,准确选择购买的型号,点击"下一步"。

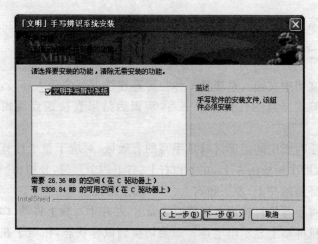

图 2-9　安装功能

第十三步,选择使用"四边定位"设置手写板的书写区域,"四边定位"能确认手写板的输入范围,提高辨识的准确性。当选择"下一步"后将弹出如图 2-10 所示界面,依次点选手写板手写区域的"左上角、左下角、右上角、右下角"位置,再点击"确定";如果安装完成后,还需要再调整"四边定位"的话,可以在系统"开始"菜单→"所有程序"→"「文明」手写辨识系统"→"手写板设定"里进行重新定位。

图 2-10　四边定位

第十四步，点选"完成"结束安装。

二、正确的写字手法

文明中文输入系统是一种全屏幕连续书写的输入环境，可以在计算机屏幕的任何位置书写，辨识后结果直接送到编辑光标位置。

手写板中间矩形区域是手写的有效区，对应于整个计算机的屏幕，即手写板的左上、左下和右上、右下四个角位，分别相当于计算机屏幕的左上、左下和右上、右下四个角位。

将手写笔杆按压在压感玻璃面上，并在手写板上移动，即可在计算机屏幕上显示出笔迹。如果切换到鼠标状态，相当于在计算机屏幕的对应位置点下鼠标左键。

文明手写系统可以书写单字，也可以连续书写多字。多字连续书写时，同一字笔画尽量紧凑，字与字之间保持适当间隔，以免笔迹混淆。

书写时，手写板应放端正，避免书写区中的笔迹歪斜。握笔时不要过于倾斜。如果提笔超过一定时间，系统就会自动开始识别。针对不熟练的新用户，请注意到"系统设定"的"笔迹"中调慢"提笔时间"。

三、在手写/鼠标状态间切换

文明中文手写系统拥有手写功能的同时，还具备普通计算机鼠标的操作功能，而且可以自动切换，或手动锁定手写/鼠标两种状态。这样的特性使用户在使用文明系统时不会阻碍对其他计算机软件的操作。

点击主界面的"鼠笔切换"键，系统会显示"鼠标"或"笔"图标来表示文明系统的当前工作状态。

第五节　Windows 的基本操作

一、窗口的操作

Windows 就是窗口，Windows 系列软件就是基于窗口界面的操作系统。

(一)打开窗口的操作

双击 Windows 桌面上的图标就可以打开一个窗口。例如，双击桌面上的■图标，弹出如图 2-11 所示窗口。或先选择该图标，单击鼠标右键，从快捷菜单中选择**打开(0)**按钮，也可得到如图 2-11 所示的窗口。也可以从桌面左下角的 **开始** 按钮中，通过 程序(P)打开所需要的窗口。

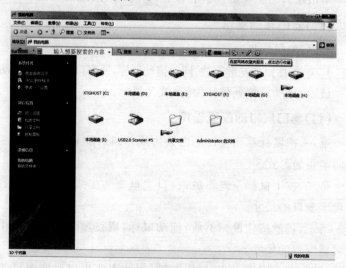

图 2-11　我的电脑

(二)窗口最小化操作

单击窗口右上角的"最小化"按钮█，窗口会缩小为任务条上的一个按钮。

(三)窗口最大化操作

单击窗口右上角的"最大化"按钮█，窗口会充满屏幕。

(四)窗口还原操作

单击窗口右上角的█，窗口会还原为原来的尺寸。

"最大化"按钮█和"还原"按钮█的位置都在窗口左上角三个按钮的中间，它们根据窗口的当前状态在按钮█和█按钮之间进行切换。

(五)窗口关闭操作

单击窗口右上角的"关闭"按钮█，窗口会被关闭。

(六)窗口移动操作

首先，把鼠标指向窗口的标题栏。

其次，按住鼠标左键不放，同时拖动鼠标，使窗口随着鼠标移动。

最后，拖动鼠标到目标位置，放开鼠标。

(七)窗口尺寸的改变操作

第一，把鼠标移到窗口的四条边或者四个角上时，鼠标会变成双向箭头的形式。

第二，按下鼠标左键不放，窗口边框变为虚线框，虚线框的尺寸代表窗口的尺寸。

第三，仍然按住鼠标不放，拖动鼠标，调整虚线框的尺寸相当于调整窗口的尺寸。

第四，调整完毕，放开鼠标左键(用此方法可以改变窗口的高度、宽度或者同时改变窗口的高度和宽度)。

(八)窗口滚动条操作

当窗口的大小不能全部表现窗体内容时,窗口的右端、下端就会出现滚动条。

拖动中间的滚动块,或者单击两端的 ∧ 和 ∨、< 和 > 按钮,可以使窗口中的内容滚动,从而浏览窗口中的全部内容。

二、资源管理器

资源管理器是组织和管理所有存储在计算机中的数据的 Windows 工具,它以图形的方式表现文件系统的结构,用户可以形象地看驱动器、文件夹及文件是如何连接的。

使用资源管理器可以管理文件夹及文件,并且可以复制、删除和移动文件。

(一)启动资源管理器

只有打开资源管理器,才能对它所管理的资源进行必要的操作,具体方法如下。

单击"开始",把光标指向"程序"→"附件"→"Windows 资源管理器",如图 2-12 所示。

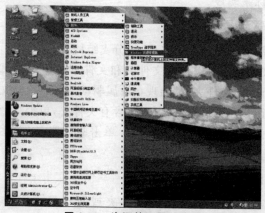

图 2-12 资源管理器的启动

单击"资源管理器",弹出如图 2-13 所示的"资源管理器"窗口。

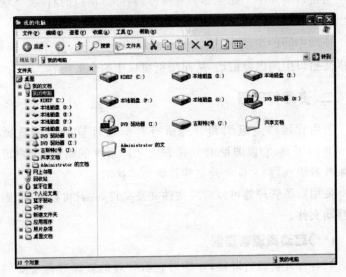

图 2-13 资源管理器

若 Windows XP 桌面上有图标 ,启动资源管理器可通过双击该图标来实现。

(二)驱动器与文件夹

在资源管理器的左窗格中,用分支结构显示文件夹,文件夹向左对齐,文件夹内可以包含文件夹和文件。文件夹的顶部是驱动器名字,所有的文件夹,都出现在所属驱动器名之下。文件夹左方的"+"按钮,表示该文件夹下还包含有文件夹,单击"+"按钮可以显示该文件夹内部的文件夹结构。单击驱动器名、文件夹名可以分别选择驱动器和文件夹。

(三)创建文件夹

单击需要创建文件夹的文件夹或驱动器。选择菜单中的新建(Ⅺ)命令，在弹出的子菜单中选择 □ 文件夹(Ｆ) 选项，如图 2-14 所示。

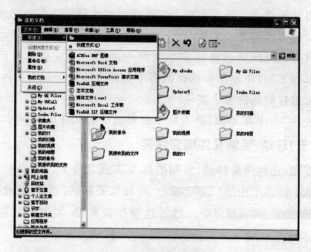

图 2-14 新建文件夹

在资源管理器的右窗格中出现闪烁的"新建文件夹"字样，用户可以自行修改新文件夹名称，如图 2-15 所示。

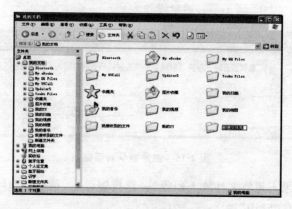

图 2-15 修改文件夹名称

(四)选定文件

1. 选择单个文件

要选择单个文件只需单击所要选择的文件。

2. 选择连续多个文件

首先选择所要选择的多个文件中的第一个文件。然后按住"Shift"键不放,单击所要选择的多个文件中的最后一个文件。

3. 选择间断的多个文件

按住"Ctrl"键不放,单击每个所要选择的文件。

(五)移动、复制文件或文件夹

首先,选择所要移动、复制的源文件或文件夹。如果要复制,选择 编辑(E) 菜单中的 复制(C) Ctrl+C 命令;如果要移动,选择 编辑(E) 菜单中的 剪切(T) Ctrl+X 命令。然后选择所要移动、复制的目标文件夹,选择 编辑(E) 菜单中的 粘贴(P) Ctrl+V 命令,移动或复制。

(六)删除文件和文件夹

在资源管理器中选定所要删除的文件或文件夹。按"Del"键,会出现如图 2-16 所示的"确认文件删除"或者"确认文件夹删除"对话框,选择 是(Y) ,删除操作完毕。

图 2-16 删除确认对话框

如果不想将文件放入回收站,直接删除它,请在按"Del"键的同时按住"Shift"键。

三、文件和文件夹的管理

计算机中的文件或文件夹的管理,可以做如下处理:C 盘用于安装操作系统和一些重要软件;D 盘用于安装一般的软件和系统备份文件;E 盘用于存放工作方面的资料;F 盘用于存放休闲娱乐方面的文件。重要文件不要存放在 C 盘或桌面上,C 盘一般要留有较大的剩余空间,不然会导致系统运行缓慢。计算机中不要安装一些来历不明的软件,以免遭受不必要的损失。文件管理要分类清晰,以便日后查找。计算机中推荐安装 360 安全卫士和 360 杀毒软件,定期对计算机进行系统管理和病毒的查杀。

第三章　Office 2003 办公软件的使用

第一节　Word 2003 的使用

一、Word 2003 基本操作

(一)启动 Word 2003

可以采用三种不同的方式启动 Word 2003。

(1)单击"开始"→"程序"→"办公软件"→"Microsoft Word 2003"命令,启动 Word 2003。

(2)双击桌面上 Word 2003 的快捷方式图标，启动 Word 2003。

(3)单击"开始"→"运行"命令,在弹出的"运行"对话框中键入"Winword",单击"确定"按钮(或者按 Enter 键),启动 Word 2003。

无论用哪种方式启动 Word 2003,都创建了一个空白文档,文档默认文件名为"文档 1",如图 3-1 所示。

(二)新建空白文档

在 Word 2003 窗口中可用以下方式新建文档。

(1)单击"文件"→"新建"命令,打开如图 3-2 所示的"新建"界面,单击"空白文档"图标。

(2)利用模板和向导创建文档。单击"文件"菜单中的"新建"命令,单击下方"本机上的模板"链接,打开"模板"对话框。单击

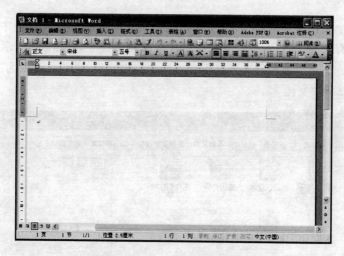

图 3-1　新建的 Word 2003 空文档

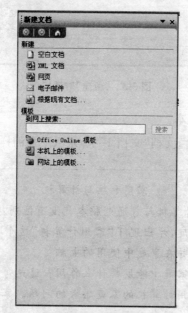

图 3-2　"新建"对话框

一个文档类别选项卡，从中选择需要的模板样式。有些模板中还带有向导，可以根据向导的提示完成文档的建立，如图 3-3 所示。

使用以上两种方法分别建立两个空白文档，文档名分别为"文档 2"和"文档 3"。

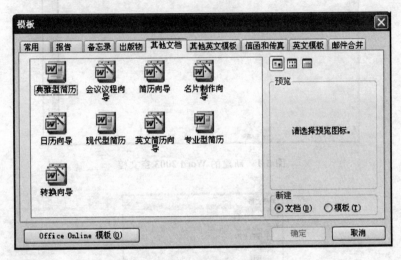

图 3-3　"新建"对话框

(三)录入文本

在新建的空白文档"文档 1"中，录入下面的样张。

家用电脑与计算机

其实，家用计算机与普通电脑本就没有区别，只是随着电脑越来越多地进入家庭，才出现了"家用计算机"这个名词。家用计算机是指个人购买并在家庭中使用的电脑。

家用电脑在家庭中能发挥什么作用？这是每个购买家用计算机或打算购买家用计算机的家庭思考的问题。家用电脑在家庭中所起的作用主要体现在以下方面。

第一，教育方面。利用家用计算机可以更好地教育子女，激发学习兴趣、提高学习成绩。您可以将不同程度、科类的教学软件装入到电脑中，学习者可以根据自己的程度自由安排学习进度。

第二，办公方面。电脑应用最重要的变革就是实现了办公自动化。您可将办公室里的一些文字工作拿回家中，利用电脑进行文书处理。您还可接收和发送传真、邮件等。

第三，家政方面。可以利用电脑来管理家庭的收入、支出，对财产进行登记；电脑可以提供飞机航班、火车时刻表、重要城市的交通路线，以便随时查询；电脑还可以提供股市行情、旅游购物指南等。

第四，娱乐方面。可以利用电脑建立家庭影院、家庭卡拉 OK 中心、家庭影碟中心，利用家用计算机玩游戏等。

(四)保存文档

将已录入文本的文档以文件名"练习 1. doc"保存在"D：\Word 练习"（若此文件夹不存在，请在 D 盘根目录下建立名为"Word 练习"的文件夹）中。

操作方法如下：

第一步，单击工具栏上的"保存"按钮█，或者单击"文件"→"保存"命令，打开如图 3-4 所示的"另存为"对话框。

第二步，在"文件名"框中输入文件名"练习 1"。

第三步，在"保存位置"框中选择文档的保存文件夹：D：\Word 练习，如图 3-4 所示。

第四步，单击"保存"按钮，完成保存文件操作。

文档保存的步骤如下：

(1)保存新建文档。如果新建的文档未经过保存，单击"文件"菜单中的"保存"，或单击"常用"工具栏上的"保存"，系统会弹出

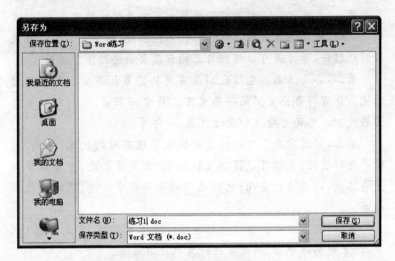

图 3-4 "另存为"对话框

"另存为"对话框,在对话框中设定保存位置和文件名及文件类型,单击对话框右下角"保存"。

(2)保存修改的旧文档。单击工具栏上的"保存"按钮或单击"文件"菜单中的"保存"命令,不需要设定路径和文件名,以原路径和原文件名存盘,不再弹出"另存为"对话框。

(3)另存文档。Word 2003 允许打开后的文件保存到其他位置,而原来位置的文件不受影响。单击"文件"菜单中的"另存为",在出现的"另存为"对话框中重新设定保存的路径、文件名及类型即可。

(4)全部保存。按下"Shift"键同时单击"文件"菜单,单击"全部保存"命令,可以将所有已经打开的 Word 文档逐一进行保存。

(5)自动保存。Word 2003 提供了一种定时自动保存文档的功能,可以根据设定的时间间隔定时自动保存文档。这样可以避免因"死机"、意外停电、意外关机而造成文档损失。单击"工具"菜单中的"选项",在弹出的对话框中单击"保存"选项卡,选中"自动保存时间间隔"复选框并设定自动保存时间间隔,就可以放心地编辑文档了。

(五)关闭文档

关闭文档"练习 1"。操作方法如下:

第一步,单击"练习 1"文档窗口,使其成为当前窗口。

第二步,单击"练习 1"窗口右上方的关闭按钮,或者单击"文件"中的"关闭"。

第三步,如果在上一次保存"练习 1"后一直未进行任何修改,将不会有任何提示就关闭该文档,否则,会弹出如图 3-5 所示提示框。若保存对文档所做的修改,单击"是",放弃修改单击"否",取消关闭操作单击"取消"。

图 3-5　保存文档提示框

如果已经打开了多个文档窗口,要关闭全部打开的 Word 文档,可单击"文件"→"退出"命令,或者按下"Shift"键后,单击"文件"→"全部关闭"命令(如果不按下"Shift"键,则不会出现"全部关闭"命令),前者在关闭全部打开的文档同时退出 Word,后者则只关闭所有打开的 Word 文档而不关闭 Word。

(六)打开文档

打开文档"练习 1. doc",可以采用如下方法:

第一,打开"我的电脑"窗口,并将当前文件夹定位到"D:\Word 练习",双击文档"练习 1"的图标。

第二,单击"开始"→"文档"命令,在弹出的级联菜单中单击

"练习1.doc"。

第三,启动Word,单击"文件"菜单,在菜单下方的文档列表中单击"练习1.doc"。

二、Word 2003 编辑

(一)选定文本

在文档"练习1.doc"中进行选定文本的操作(被选定的文本将反向显示)。

1.选中文档中一个区间的文字

选定"第一,教育方面"这部分所有文本:将鼠标定位到"第一,教育方面"的左边,按下鼠标左键并拖动鼠标直到"安排学习进度"为止,然后释放鼠标。

若选定的文本较长,可单击鼠标将光标定位到预选区间的起点(或终点),按住"Shift"键的同时,在预选区间的终点(或起点)单击鼠标,则选定整个区间的文本。

2.选中文档中的一行

选定一行文本(如选定第一行):将鼠标移动到第一行左侧(文本选定区),当鼠标指针变成一个指向右上边的箭头,单击鼠标即可。

3.选中文档中的一段

选定一个段落(如选定第二段):将鼠标移动到第二段的左侧,当鼠标指针变成一个指向右上边的箭头,双击鼠标即可(或者在该段落中的任何一处三击鼠标)。

4.选中文档中的一个矩形区域

在按"Alt"键的同时按下鼠标左键,从预选区间的左上角或右下角向下或向上拖动来选中所需的矩形区域。

5.选中整篇文档

将鼠标移动到文档正文的左侧,当鼠标指针变成一个指向右上边的箭头时,三击鼠标即可(或单击"编辑"→"全选"命令,或按组合键"Ctrl"+"A")。

注意:鼠标单击文档编辑区任一处则取消文本的选定。

(二)复制文本

将文档的第二段复制到一个空白文档中,并命名为"复件1"。操作方法如下:

第一,选中文本的第二段。

第二,单击工具栏中"复制"按钮,或按组合键"Ctrl"+"C"。

第三,单击"常用"工具栏上的"新建空白文档"按钮,新建一个空白文档。

第四,单击工具栏中"粘贴"按钮,或按组合键"Ctrl"+"V"完成复制操作。

第五,单击"保存"按钮,将此文档保到"D:\Word练习"中,文件命名为"复件1"。

第六,关闭文档"复件1"。

将"练习1"文档中的第四段复制到文档末尾变成最后一段。操作方法如下:

第一,选中第四段文本。

第二,单击工具栏上的"复制"按钮,或按组合键"Ctrl"+"C"。

第三,将插入点定位到文档末尾,按回车键在文档末尾插入一空行。

第四,单击工具栏上的"粘贴"按钮,或按组合键"Ctrl"+"V"完成复制操作。

(三)移动文本

将文档"练习1"中第四段移动到第五段后。操作方法如下：

第一,选中第四段。

第二,单击工具栏上的"剪切"按钮✂,或按组合键"Ctrl"+"X"。

第三,将插入点定位到第五段(原来的第六段)前,单击工具栏上的"粘贴"按钮🗒,或按组合键"Ctrl"+"V"完成移动操作。

注意:利用剪切和粘贴命令相结合可在任意范围内移动文本。选定文本后,单击"剪切"按钮清除文本,将鼠标移到插入点(可以在不同的文档中),单击"粘贴"按钮完成移动。

(四)删除文本

将文档"练习1"中的最后一段删除。操作方法如下：

选定最后一段。按删除键"Delete",或按退格键"Backspace",或单击"剪切"按钮。

注意:按空格键"Space"可以清除选定的文本,但被删除的文本所在行仍然存在。按"Delete"键可以删除插入点右边的字符,按退格键可以删除插入点左边的字符。

(五)操作的撤销和恢复

1. 撤销刚才的删除操作

方法一:单击"常用"工具栏上的撤销按钮↶。

方法二:单击"编辑"→"撤销清除"命令。

2. 恢复撤销的删除操作

方法一:单击"常用"工具栏上的恢复按钮↷。

方法二:单击"编辑"→"恢复清除"命令。

(六)查找与替换文本

1. 将"练习1"文档中的"电脑"全部替换为"计算机"

(1)单击"编辑"→"替换"命令(或使用快捷键"Ctrl"+"F"),

打开"查找与替换"对话框之"替换"选项卡。

(2)在"查找内容"下拉列表框中输入"电脑",在"替换为"下拉列表框中输入"计算机",如图 3-6 所示。

(3)逐个查找可单击"查找下一处"按钮,找到匹配文本后如要替换,可单击"替换"按钮;如不替换,单击"查找下一处"按钮。全部替换单击"全部替换"按钮,系统会给出查找替换的结果。

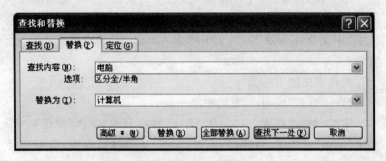

图 3-6 "查找和替换"对话框

2. 将"练习 1"文档第一段中的"计算机"全部替换为"电脑"

(1)选中文档的第一段。

(2)单击"编辑"→"替换"命令,打开"查找与替换"对话框,找到"替换"选项卡。

(3)在"查找内容"下拉列表框中输入"计算机",在"替换为"下拉列表框中输入"电脑"。

(4)单击"全部替换"按钮,弹出如图 3-7 所示的对话框,单击"确定"按钮完成替换。保存并关闭此文档。

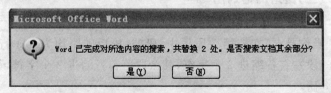

图 3-7 单击"全部替换"按钮后弹出的对话框

三、Word 2003 排版

(一)设置字体、字形、字号

打开文档 D:\Word 练习\练习 1.doc,对文档内容按下面要求进行设置。

第一段:黑体、四号、加粗、双线型下划线、红色;字符间距缩放为 150%;间距为加宽 3 磅。第二段和第三段:楷体、小四号;其余文字:中文字体为隶书;西文字体为 MingLiU;所有文字小四号、蓝色。

操作方法如下:

第一,选定"练习 1"文档中第一段。

第二,单击"格式"→"字体"命令,在打开的"字体"对话框中,单击"字体"选项卡,从字体、字形、字号、下划线区域中,分别选择字体为"黑体",字号为"四号",字形为"加粗",颜色为"红色",下划线为"双线型",如图 3-8 所示。

第三,单击"字符间距"选项卡,在"缩放"下拉列表框中选择"150%",在"间距"下拉列表框中选择"加宽",在其右边的"磅值"框中利用微调器选择磅值为"3 磅",如图 3-9 所示。

第四,用同样的方法设置其余文字的格式。保存对此文档所做的修改。

注意:还可以利用"格式"工具栏设置文字的格式,如文字的字体、字号、字形、字符缩放及颜色等。

(二)段落的格式化

1.设置段落的缩进和行距

操作要求:文档第一段居中;段前、段后间距均为 0.5 行,第二、三段左右各缩进 2 个字符,其余段落首行缩进 2 个字符,行距为 18 磅。

图 3-8 "字体"选项卡

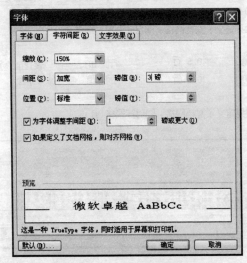

图 3-9 "字符间距"选项卡

（1）将插入点定位到第一段任意位置，单击格式工具栏上的"水平居中"按钮▤。

（2）单击"格式"，打开"段落"对话框，单击"缩进和间距"，在"间距"栏中设置"段前"和"段后"为0.5行，如图3-10所示。

（3）单击"确定"按钮，第一段段落格式设置完成。

（4）选中第二、三段，单击"格式"，打开"段落"对话框，在"缩进"区域中分别为左、右缩进输入"2字符"或利用微调器按钮▤选择数值为"2字符"。

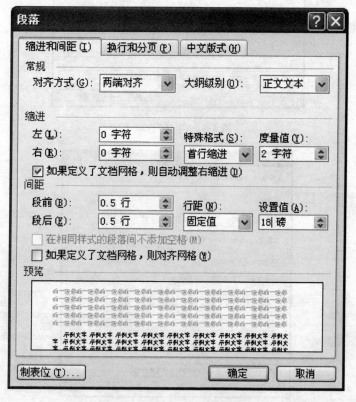

图3-10 "段落"格式设置对话框

(5)单击"确定"按钮,第二、三段格式设置完成。

(6)选中除第一、二、三段外的其余文字,单击"格式",打开"段落"对话框,单击"特殊格式"下拉列表框,选择"首行缩进",右边的"度量值"微调框中显示默认的缩进值"2字符"(如果设置的缩进值和默认值不同,可利用微调按钮设置,或者直接在微调框中输入);单击"行距"下拉列表框,选择"固定值",并在右边的"设置值"中设置行距为"18磅"。

(7)单击"确定"按钮,所选中的段落格式设置完成。单击"保存"按钮██,保存设置。

注意:将插入点定位到某一段中,则所设置的格式仅应用于当前段落;如需要对多个连续段落设置格式,应先选中多个段落;如需对不连续的段落设置格式,可先设置一个段落的格式,然后双击"常用"工具栏上的"格式刷"按钮██,在要设置格式的段落文本上拖动即可。选中需要编辑的文档,单击鼠标右键,在出现的快捷菜单中也可以选择"段落"进行设置。

2. 设置段落的边框和底纹

操作要求:为第一段文本填充"灰色-15％"底纹,第二、三段文本加上1.5磅红色实线边框。

(1)选定"练习1"文档第一段。

(2)单击"格式",打开"边框和底纹"对话框。

(3)单击"底纹"选项卡,在"填充"区域的颜色列表中选择填充颜色,在这里选择"灰色-15％",如图3-11所示,单击"确定"。

(4)选定第二、三段,单击"格式",打开"边框和底纹"对话框,单击"边框"选项卡,在左边的"设置"栏中选择一种方式,如"方框";在右边的"线型"列表中选择一种线型,如"单实线";在"颜色"下拉列表中选择"红色",在"宽度"下拉列表中选择"1.5磅",如图3-12所示。

(5)单击"确定",设置完成。

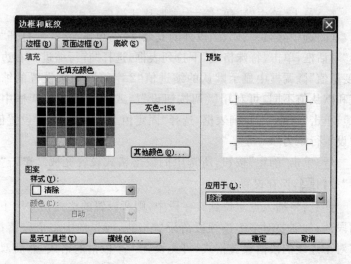

图 3-11　"边框与底纹"之"底纹"选项卡

3. 添加项目符号和段落编号

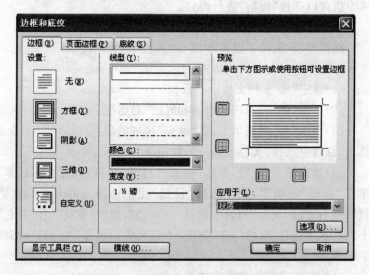

图 3-12　"边框与底纹"之"边框"选项卡

操作要求：为文档第四至七段加上项目符号"◆"。

(1)选定"练习 1"文档中的第四至七段。

(2)单击"格式"→"项目符号和编号"命令，打开"项目符号和编号"对话框。

(3)单击"项目符号"选项卡，双击对话框的第一行第四列，如图 3-13 所示，单击"确定"。

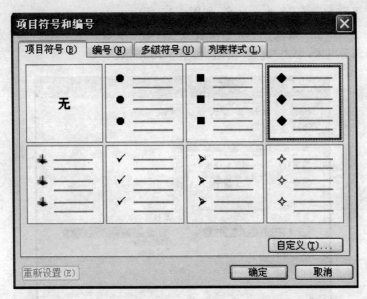

图 3-13　"项目符号和编号"对话框

注意：可以使用工具栏上的"项目符号"或"编号"按钮来快速添加项目符号或段落编号，但只能使用最近一次使用过的"项目符号"或"编号"。

(三)页面设计

1.页面设置

操作要求：对文档"练习 1"，设置页面格式："纸型"为 16 开；

"页边距"上、下、左、右均为3厘米，"页眉"和"页脚"距边界分别为1.5厘米和1.75厘米。

（1）单击"文件"→"页面设置"命令，打开"页面设置"对话框，单击"纸型"选项卡，单击"纸型"下拉列表，在纸型列表中选择"16开(18.4×26厘米)"，如图3-14所示。

（2）在"页面设置"对话框中单击"页边距"选项卡，设置"上""下""左""右"各为3厘米，如图3-15所示。

（3）在"版式"选项卡中设置"页眉"为1.5厘米，"页脚"为1.75厘米，单击"确定"按钮，如图3-16所示。

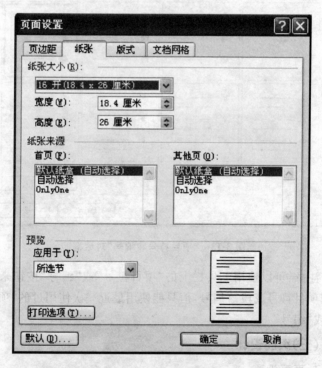

图3-14 "纸型"选项卡

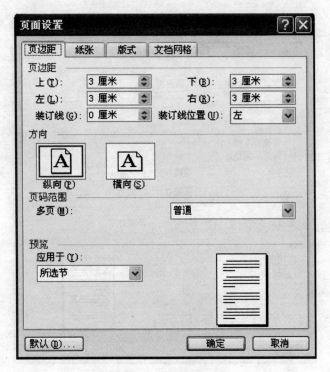

图 3-15 "页边距"选项卡

2. 设置页眉和页脚

操作要求：在"练习 1"文档中，设置页眉为"家用电脑"，黑体、小五号、右对齐，在页脚处插入当前日期，居中。

（1）单击"视图"→"页眉和页脚"命令，打开"页眉和页脚"工具栏。插入点定位于页眉处。

（2）输入文字"家用电脑"，选中输入的文本，设置其字符格式为黑体、小五号，对齐方式为右对齐。

（3）单击"页眉和页脚切换"按钮，切换到页脚处，单击插入页码按钮，当前日期插入到页脚处，单击"格式"工具栏上的"居

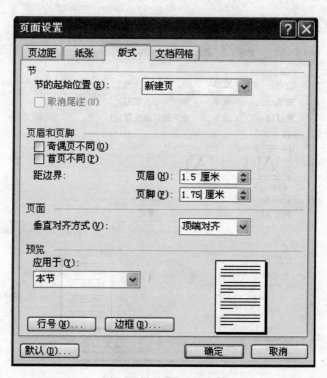

图 3-16 "版式"选项卡

中"按钮。

(4)如图 3-17 所示,单击"页眉和页脚"工具栏上的"关闭"按钮,关闭"页眉和页脚"工具栏。单击"保存"按钮,保存设置。

图 3-17 编辑页眉/页脚

注意:创建页眉和页脚后,只要双击页眉和页脚区域,就可以打开"页眉和页脚"工具栏重新编辑页眉和页脚。要删除页眉和页脚,只需要清除其内容即可。在"页面设置"的"版式"选项卡中选中"奇偶页不同"和"首页不同"复选框,还可以对文档首页及奇、偶页分别设置不同的页眉和页脚。

3. 文档分栏

操作要求:对文档"练习1"进行分栏:将文档的第四段分为等宽的两栏,栏间距为0字符,栏间加分隔线。

(1)选中文档的第四段。

(2)单击"格式"→"分栏"命令,打开"分栏"对话框。

(3)选中"预设"栏中的"两栏"样式,选中"分隔线"复选框,在"宽度和间距"栏中设置"间距"为0字符,如图3-18所示。

(4)单击"确定"按钮,完成分栏设置。单击"保存"按钮 ![],保存设置。

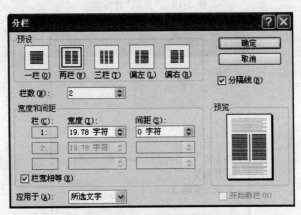

图3-18　"分栏"对话框

4. 插入页码

为文档插入页码,"位置"为"纵向内侧","对齐方式"为"右侧",起始页码为"10"。

(1)单击"插入"→"页码"命令,打开"页码"对话框。

(2)在"位置"下拉列表中选择"纵向内侧","对齐方式"下拉列表中选择"右侧",如图3-19所示。

　　(3)单击"格式"按钮,打开"页码格式"对话框,在"页码编排"区域选中"起始页码"单选按钮,并在右边微调框输入"10",如图3-20所示。

图3-19　"页码"对话框

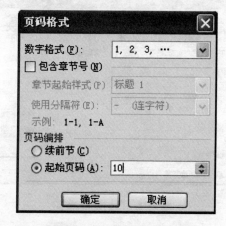

图3-20　"页码格式"对话框

　　(4)单击"确定"按钮两次,完成页码的插入。单击"保存"按钮，保存设置。

注意：在设置页眉和页脚时单击"页眉和页脚"工具栏上的"插入页码"按钮也可以在文档中插入页码。

(四)用不同的视图方式查看文档

1.单击"视图"→"普通"命令

在普通视图模式下，可以输入文字，并进行编辑和排版，分页标记为一条细线。页眉、页脚、脚注均不可见。图形编辑受到限制。

2.单击"视图"→"Web 版式"命令

在 Web 版式视图模式下，可以显示文档在浏览器下的显示效果。

3.单击"视图"→"页面"命令

在页面视图模式下，显示"所见即所得"的打印效果，可以对文字进行输入、编辑和排版等操作，也可处理图形、页眉、页脚等信息。

4.单击"视图"→"大纲"命令

在大纲视图模式下可看到文档的层次结构。至此，对文档"练习 1"的排版完成，排版后的文档如图 3-21 所示。最后关闭文档"练习 1"，退出 Word 2003。

四、表格编辑

(一)表格插入

操作要求：新建一空白文档，插入一个 5 行 6 列的表格，并将文档以"表格.doc"保存到"D:\Word 练习"中。

启动 Word 2003，新建一个空白文档。单击"表格"→"插入表格"命令，打开"插入表格"对话框。在"列数"和"行数"框中选择列数为"6"、行数为"5"，如图 3-22 所示，单击"确定"按钮，在插入点插入一个 5 行 6 列的表格。

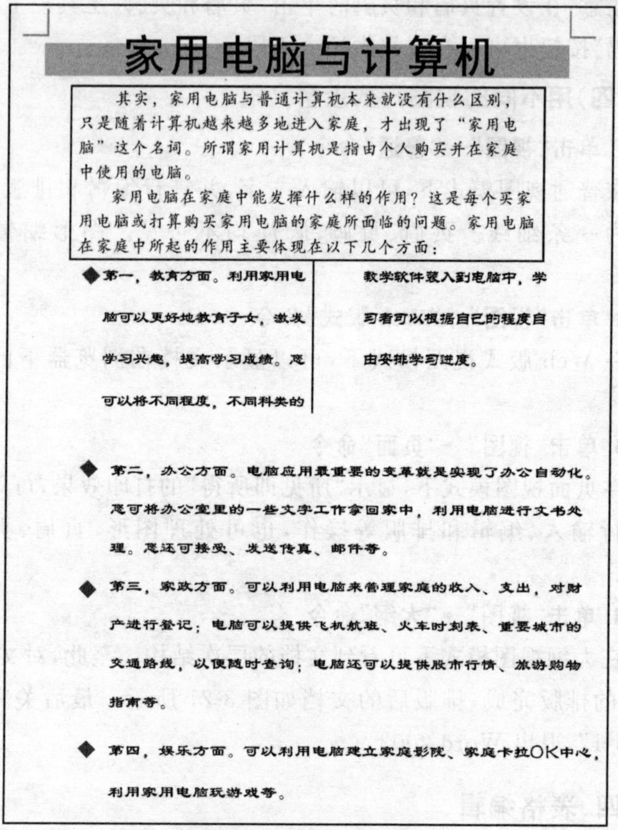

家用电脑与计算机

其实，家用电脑与普通计算机本来就没有什么区别，只是随着计算机越来越多地进入家庭，才出现了"家用电脑"这个名词。所谓家用计算机是指由个人购买并在家庭中使用的电脑。

家用电脑在家庭中能发挥什么样的作用？这是每个买家用电脑或打算购买家用电脑的家庭所面临的问题。家用电脑在家庭中所起的作用主要体现在以下几个方面：

◆ 第一，教育方面。利用家用电脑可以更好地教育子女，激发学习兴趣，提高学习成绩。您可以将不同程度，不同科类的教学软件装入到电脑中，学习者可以根据自己的程度自由安排学习进度。

◆ 第二，办公方面。电脑应用最重要的变革就是实现了办公自动化。您可将办公室里的一些文字工作拿回家中，利用电脑进行文书处理。您还可接收、发送传真、邮件等。

◆ 第三，家政方面。可以利用电脑来管理家庭的收入、支出，对财产进行登记；电脑可以提供飞机航班、火车时刻表、重要城市的交通路线，以便随时查询；电脑还可以提供股市行情、旅游购物指南等。

◆ 第四，娱乐方面。可以利用电脑建立家庭影院、家庭卡拉OK中心，利用家用电脑玩游戏等。

图 3-21　排版后的文档

或者单击常用工具栏中"插入表格"按钮，用鼠标左键直接拖动选中区域，待到达需要的行列数(蓝色区域为 5 行 6 列)时，释放鼠标(如图 3-23 所示)，即插入一个 5 行 6 列的表格，如图 3-24 所示。

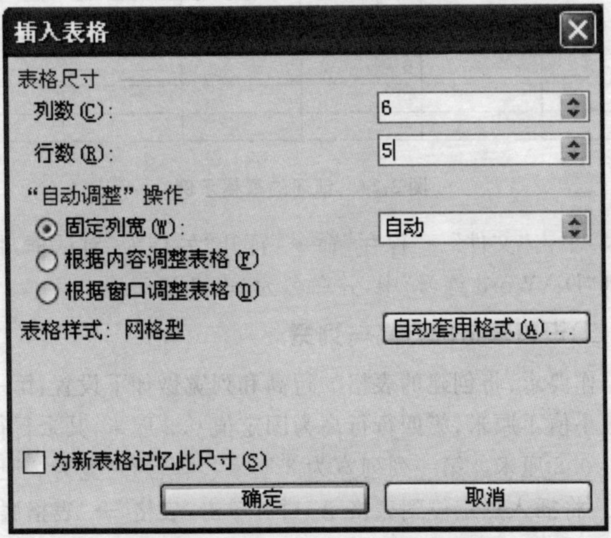

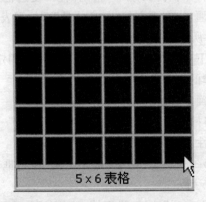

图 3-22 "插入表格"对话框

图 3-23 利用"插入表格"按钮绘制表格

↵	↵	↵	↵	↵	↵
↵	↵	↵	↵	↵	↵
↵	↵	↵	↵	↵	↵
↵	↵	↵	↵	↵	↵
↵	↵	↵	↵	↵	↵

图 3-24　创建的表格示例

（3）单击"文件"→"保存"命令,打开"另存为"对话框,将文档保存到"D:\Word 练习"中,并命名为"表格"。

（二）设置表格的行高与列宽

操作要求:将创建的表格的行高和列宽做如下设置:第一行行高为最小值 1 厘米,第四行行高为固定值 0.2 厘米,其余行行高为固定值 0.8 厘米。第一列列宽为 3 厘米,其余列列宽为 2 厘米。

（1）将插入点定位到表格第一行,单击"表格"→"表格属性"命令,打开"表格属性"对话框,单击"行"选项卡。

（2）设置第一行行高:选中"指定高度"复选框,并在右边微调框中设置为 1 厘米,在下方的"行高值是"下拉列表框中选择"最小值",如图 3-25 所示。

（3）单击"下一行"按钮,设置第二行行高为固定值 0.8 厘米。

（4）用同样的方法设置其他行的行高。

（5）单击"确定"按钮。

（6）再次将插入点定位到第一列,单击"表格"→"表格属性"命令,在"表格属性"对话框中单击"列"选项卡。

（7）设置第一列列宽:选中"指定宽度"复选框,在右边输入 3 厘米,如图 3-26 所示。

（8）单击"下一列"按钮,设置第二列列宽为 2 厘米。

（9）用同样的方法设置其余列的列宽。

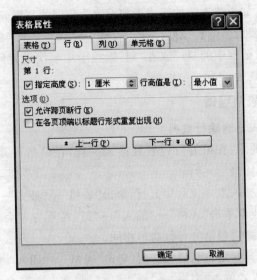

图 3-25　"表格属性"对话框之"行"选项卡

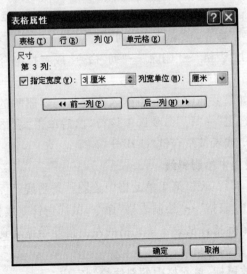

图 3-26　"表格属性"对话框之"列"选项卡

注意:如果将连续的行或者列设置为相同的高度或宽度,还可以先选中要设置的行或列,单击"表格"→"表格属性"命令,在"表格属性"对话框中的"行"或者"列"选项卡中一次设置所选行或列的宽度和高度。

(三)表格编辑

1.插入与删除行或列

操作要求:在第五行位置处插入一行,在最后一列处插入一列,然后删除最后一列。

(1)将插入点定位到第五行,单击"表格"→"插入"→"行(在上方)"命令或者单击"表格"→"插入"→"行(在下方)"命令,插入一行,此行行高值与第五行行高值相同。

(2)将光标定位到最后一列,单击"表格"→"插入"→"列(在左侧)"命令或者单击"表格"→"插入"→"列(在右方)"命令,插入一列,此列列宽值与最后一列列宽值相同。

(3)将插入点定位到最后一列的任意单元格中,单击"表格"→"选定"→"列"命令,选定最后一列。

(4)单击"表格"→"删除"→"列"命令,或者按组合键"Ctrl"+"X",将最后一列删除。

注意:如果要删除一行,将插入点定位到要删除的行中,单击"表格"→"选定"→"行"命令选中该行,然后单击"表格"→"删除"→"行"命令,或者按组合键"Ctrl"+"X"。

2.在表格中绘制斜线

操作要求:在表格第1单元格中绘制一条斜线。

(1)单击"表格"→"绘制表格"命令,鼠标指针变成铅笔形状。

(2)用鼠标指针从第1单元格的左上角开始拖动到右下角,直至出现一虚线的对角线。

(3)释放鼠标,单元格中的斜线绘制完成。

3.合并及拆分单元格

操作要求:按图 3-27 所示合并及拆分单元格。

(1)选中如图 3-24 所示表格的第一列的第 2～5 个单元格。

(2)单击"表格"→"拆分单元格"命令或者单击"表格和边框"工具栏上的"拆分单元格"按钮▦,打开如图 3-28 所示的"拆分单元格"对话框。

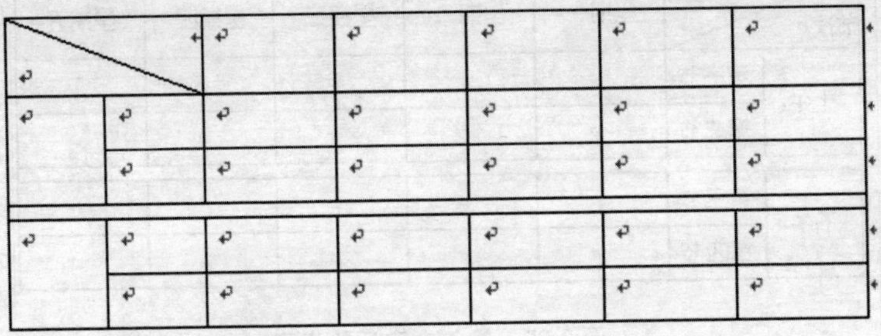

图 3-27　合并及拆分单元格后的表格

(3)在对话框中将"列数"设置为 2,"行数"设置为 5。

(4)选中第四行,单击"表格"→"合并单元格"命令或者单击"表格和边框"工具栏上的"合并单元格"按钮▦,第四行的 7 个单元格合并为 1 个单元格。

(5)用同样的方法合并其他单元格。单击"保存"按钮▇,保存对文档的修改。

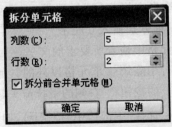

图 3-28　"拆分单元格"对话框

61

(四)表格内文字设置

操作要求:在表格中输入文字,并设置文字在单元格中的对齐方式:第1单元格中第一行文字水平右对齐,第二行水平两端对齐,且将此单元格上下左右边距均设置为0;其余单元格中的文字均设置为水平垂直居中,如图3-29所示。

节次\\星期		星期一	星期二	星期三	星期四	星期五
上午	第一节					
	第二节					
下午	第三节					
	第四节					

图 3-29　输入文字后的表格

(1)将插入点定位在第 1 单元格内,输入文字"星期",单击"格式"工具栏上的"右对齐"按钮 ≣。

(2)按回车键到下一行,输入文字"节次",单击"格式"工具栏上的"两端对齐"按钮 ≣。

(3)单击"表格"→"表格属性"命令,打开 "表格属性"对话框,单击"单元格"选项卡,如图 3-30 所示。

(4)单击"选项"按钮,打开"单元格选项"对话框,如图 3-31 所示。

(5)单击"与整张表格相同"复选框,取消其选中状态,并在"上""下""左""右"框分别输入 0 厘米。

(6)在其他单元格中输入所要求的文字。

(7)选中第一行中除第 1 单元格以外的其他单元格,单击"表格和边框"工具栏上的按钮 ▣ 右侧的下拉箭头,并在弹出的"单元格对齐方式"列表中选择"中部居中"按钮 ▤,如图 3-32 所示。

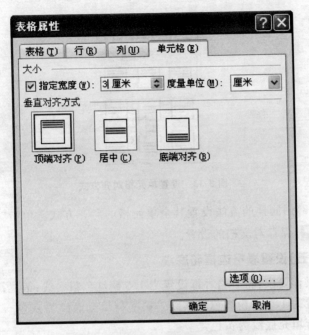

图 3-30 "表格属性"之"单元格"选项卡

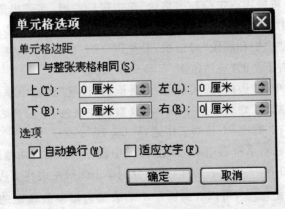

图 3-31 "单元格选项"对话框

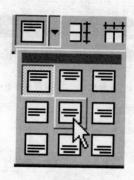

图 3-32 设置单元格对齐方式

（8）用同样的方法设置其余单元格的对齐方式。单击"保存"按钮，保存对文档的设置。

（五）设置表格边框和底纹

操作要求：将表格外框设置为 1.5 磅红色粗实线；第二行表格线设置为 1.5 磅粉红色粗实线。第一行填充底纹为灰色－25％；第四行填充底纹为黄色。

操作方法一：利用"边框和底纹"对话框设置。

（1）将插入点定位到表格内，单击鼠标右键，在弹出的快捷菜单中单击"边框和底纹"命令或者单击"格式"→"边框和底纹"命令，打开"边框和底纹"对话框，参见图 3-11 和图 3-12（注意：此时对话框右下角的"应用范围"已经变成"表格"）。

（2）单击"边框"选项卡，在对话框的"设置"区域中单击"自定义"；在"线型"列表中选择第一种线型；在"颜色"下拉列表中选择"红色"；在"宽度"下拉列表中选择"1.5 磅"。

（3）在对话框右边的"预览"区域中设置边框的应用范围：单击图示中的上、下、左、右边框，或者分别单击图示左边和下边的按钮、、、，可以看到图示中的表格边框变为指定的颜色和粗细。

64

(4)单击"确定"按钮。

(5)选定表格的第一行,再次打开"边框和底纹"对话框,单击"边框"选项卡。

(6)按照步骤(2)的方法在"设置"区域中选择"自定义",并设置线型为第一种、颜色为"粉红色"、粗细为"1.5磅"。

(7)在"预览"区域中单击图示下方的边框,或者单击图示左边的 按钮。

(8)单击"底纹"选项卡,在左边的"填充"颜色列表中选择"灰色－25％",单击"确定"按钮。

(9)选中表格第四行,用同样的方法设置其底纹为"黄色"。

操作方法二:利用"表格和边框"工具栏(如图 3-33 所示)设置。

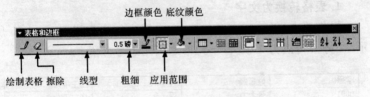

图 3-33 "表格和边框"工具栏

(1)单击"线型"下拉列表,单击第一种线型;单击"粗细"下拉列表,单击"1.5磅";单击"边框颜色"列表,单击"红色"。

(2)单击"应用范围"按钮右边的箭头,在列表中分别单击 、 、 、 按钮;或者单击"绘制表格"按钮,当鼠标变成铅笔形状后,分别在表格的上、下、左、右边框上分别拖动鼠标"描边"。

(3)使用同样的方法将表格的第一行下方的表格线设置为1.5磅、粉红色单实线。

(4)选中表格第一行,单击"底纹颜色"按钮右边的下拉箭头,在弹出的颜色列表中选择"灰色－25％"。

(5)用同样的方法将表格第四行的底纹设置为"黄色"。

设置了边框和底纹的表格如图 3-34 所示。

节次＼星期		星期一↵	星期二↵	星期三↵	星期四↵	星期五↵
上午↵	第一节↵	↵	↵	↵	↵	↵
	第二节↵	↵	↵	↵	↵	↵
下午↵	第三节↵	↵	↵	↵	↵	↵
	第四节↵	↵	↵	↵	↵	↵

图 3-34　设置边框和底纹后的表格

(六)表格和文字的转换

1. 表格转换为文字

操作要求:新建一空白文档,在文档中创建表格,如图 3-35 所示,并将其转换为文字,各单元格之间用逗号分隔。

学号↵	姓名↵	性别↵	出生年月↵
0001↵	张大力↵	男↵	1981-09-10↵
0002↵	王娜↵	女↵	1983-12-21↵
0003↵	刘栋↵	男↵	1979-11-30↵

图 3-35　表格示例

(1)单击工具栏上的"新建"按钮 ▯ ,建立一空白文档。

(2)在文档中创建图 3-35 所示的表格,并输入文字。

(3)选定整个表格,单击"表格"→"转换"→"表格转换成文字"命令,打开"将表格转换成文字"对话框,如图 3-36 所示,在"文字分隔符"下单击"逗号"。

(4)单击"确定"按钮,表格转换为文字,且各单元格之间用逗号分隔,如图 3-37 所示。

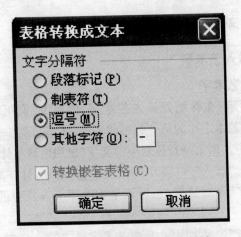

图 3-36 "将表格转换成文字"对话框

学号,姓名,性别,出生年月
0001,张大力,男,1981−09−10
0002,王娜,女,1983−12−21
0003,刘栋,男,1979−11−30

图 3-37　表格转换成文字

2.将文字转换为表格

操作要求:将上例中由表格转换的文字再次转换为表格。

(1)选中所有文字。单击"表格"→"转换"→"文字转换成表格"命令,打开"将文字转换成表格"对话框。

(2)在"表格尺寸"栏中,取默认的列数(其中行数不可更改)。

(3)在"文字分隔符位置"处单击"逗号",单击"确定",文字转换成一个 4×4 表格。

五、图文混排

(一)插入艺术字

1. 插入艺术字

操作要求:在标题处插入艺术字,内容为"家用电脑与计算机",样式为艺术字库的第一行第四列;楷体、32磅。

(1)选中文档第一行标题中的文字"家用电脑与计算机"。

(2)单击"插入"→"图片"→"艺术字"命令,打开如图3-38所示的"艺术字"库对话框(也可以单击绘图工具栏中的"插入艺术字"按钮 4)。

(3)双击"艺术字库"中所需艺术字样式(第一行第四列),打开"编辑艺术字文字"对话框。

(4)输入"家用电脑与计算机"文字(若在第一步选中文本,则不用输入),设置字型为"楷体-GB2312",字号为32磅,单击"确定"按钮完成插入操作。

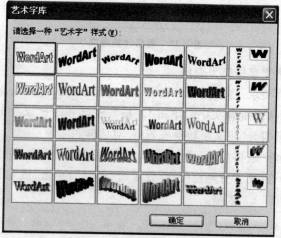

图3-38 "艺术字库"对话框

2.设置艺术字格式

操作要求:将插入的艺术字设置格式,填充颜色为"红色",版式为"浮于文字上方",水平距页边距右侧1厘米,垂直距页边距下侧0厘米。

(1)选定插入的艺术字,单击鼠标右键,从弹出的快捷菜单中,单击"设置艺术字格式"命令,或者单击"格式"→"艺术字"命令,打开"设置艺术字格式"对话框。

(2)单击"颜色和线条"选项卡,在"填充"区域中的"颜色"下拉列表中选择"红色"。

(3)单击"版式"选项卡,在"环绕方式"区域中单击"浮于文字上方"方式。

(4)单击"高级"按钮,弹出"高级版式"对话框,单击"图片位置"选项卡,在"水平对齐"栏中单击"绝对位置"单选钮,并在右侧的下拉列表中单击"页边距",在"右侧"右边的微调框中输入"1厘米";在"垂直对齐"栏中设置为"绝对位置",距页边距下侧0厘米,如图3-39所示。

(5)连续点击"确定"两次,退出"设置艺术字格式"对话框。将原来的标题文字"家用电脑与计算机"删除。

(二)插入剪贴画

操作要求:在文档中插入一幅剪贴画,并设置其格式为:高度10厘米,锁定纵横比,衬于文字下方;水印效果,水平垂直距页边距均为1厘米。

(1)将插入点定位到文档任意位置,单击"插入"→"图片"→"剪贴画"命令,打开"插入剪贴画"对话框。

(2)选取所需要的剪贴画后,单击"插入剪辑"按钮 ,如图3-40所示,完成剪贴画插入。

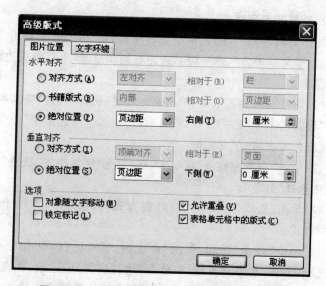

图 3-39 "设置艺术字格式"之"高级版式"对话框

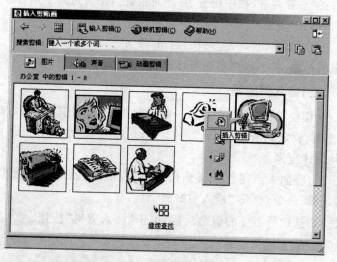

图 3-40 选定的剪贴画

（3）选定剪贴画,单击鼠标右键弹出快捷菜单,单击"设置图片格式"命令,打开"设置图片格式"对话框。

（4）单击"大小"选项卡,选中"锁定纵横比"复选框,在"尺寸和旋转"栏中设置高度为"10厘米"。

（5）单击"版式"选项卡,设置剪贴画的环绕方式为"衬于文字下方"。

（6）单击"高级"按钮,打开"高级版式"对话框,将剪贴画"水平对齐"设置为"绝对位置"且距页边距1厘米;"垂直对齐"设置为"绝对位置",距页边距1厘米。

（7）单击"确定",单击"图片"选项卡,单击"图像控制"区域中的"颜色"下拉列表中的"水印"。

（8）单击"确定"按钮,完成剪贴画格式的设置。

（三）绘制自选图形

绘制图形前首先应打开"绘图"工具栏,单击"视图"→"工具栏"→"绘图"命令,或者单击"常用"工具栏上的"绘图"按钮 ,"绘图"工具栏显示在状态栏的上方。

操作要求:在文档中绘制一图形,类型为"星与旗帜"中的"波形",并设置高度2.5厘米、宽度6.5厘米,填充颜色为"黄色"。

（1）单击绘图工具栏中的"自选图形"按钮,从弹出的菜单中选择"星与旗帜"菜单,在级联菜单中选取"波形"图形。

（2）拖动鼠标至合适的大小和位置后释放,即可画出"波形"形状的图形。

（3）选中该图形,单击鼠标右键弹出快捷菜单,选择"设置自选图形格式"命令,或双击该图形,打开"设置自选图形格式"对话框。

（4）单击"颜色和线条"选项卡,从中设置其填充颜色为黄色。

（5）单击"大小"选项卡,单击"锁定纵横比"复选框,取消选中状态,然后设置自选图形的尺寸:高度2.5厘米,宽度6.5厘米。

(6)单击"确定"按钮,完成对自选图形格式的设置。

(四)插入文本框

操作要求:在文档中插入一个文本框,在文本框中输入文字"家用电脑的作用",黑体、四号、红色、居中。设置文本框格式,高度1厘米、宽度4厘米;无填充色、无线条色;文本框内部边距上下左右均为0厘米。

(1)单击"绘图"工具栏中的"文本框"按钮,或者单击"插入"→"文本框"→"横排"命令。

(2)将插入点定位到合适位置。

(3)拖动鼠标画出一个适当大小的文本框。

(4)鼠标右击文本框的边框,选择快捷菜单中的"设置文本框格式"命令,或者单击"格式"→"文本框"命令,打开"设置文本框格式"对话框。

(5)单击"颜色和线条"选项卡,设置"填充"为"无填充色";"线条"为"无线条色"。

(6)单击"文本框"选项卡,设置文本框内部文字的边距,将所有"内部边距"的上、下、左、右均设置为"0厘米"。

(7)单击"大小"选项卡,设置文本框的高度为1厘米、宽度为4厘米。

(8)将插入点定位到文本框内,输入文字"家用电脑的作用",按要求设置文字的格式。

(五)对齐、组合自选图形与文本框

操作要求:将插入的自选图形和文本框相对水平和垂直居中,组合为一个图形,并设置组合后的图形的格式:环绕方式为"四周型",相对于页边距水平居中、垂直居中。

(1)先单击自选图形"双波形",按住"Shift"键,再单击文

本框。

（2）单击绘图工具栏中的"绘图"按钮，在弹出的菜单中选择"对齐或分布"菜单，如图 3-41 所示，从其级联菜单中分别选择"水平居中"和"垂直居中"进行对齐操作。

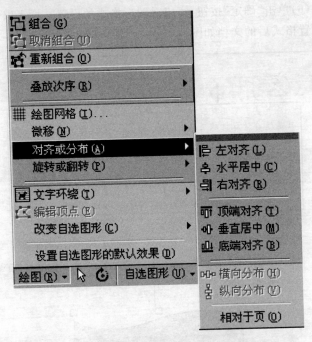

图 3-41　"绘图"菜单中的"对齐或分布"级联菜单

（3）单击绘图工具栏中的"绘图"按钮，从弹出的菜单中选择"组合"命令。

（4）选中组合后的图形，单击"格式"→"对象"，打开"设置对象格式"对话框，单击"版式"选项卡，设置图形格式为"四周型"。

（5）单击"高级"按钮，在"高级版式"对话框中单击"图片位置"选项卡，设置图形的位置：在"水平对齐"中选中"对齐方式"

单选钮，并在右边的下拉列表框中选择"居中"，在"相对于"列表框中选择"页边距"；在"垂直对齐"中选中"对齐方式"单选钮，并在右边的下拉列表框中选择"居中"，在"相对于"列表框中选择"页边距"。

（6）单击"确定"按钮，完成对图形格式的设置。插入以上对象并设置格式后的文档如图 3-42 所示（不包括边框）。

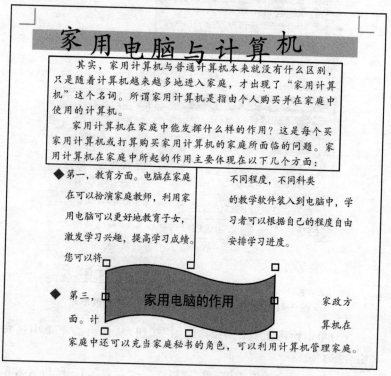

图 3-42　插入各种对象后的文档示例

第二节　Excel 2003 的使用

一、Excel 2003 基本操作

（一）创建工作簿

创建一个工作簿，并将其命名为 cunkuan. xls，保存到 D 盘根目录中。

（1）单击"开始"→"程序"→"办公软件"→"Microsoft Excel 2003"命令，启动 Excel 2003，创建一个默认名为"Book1"的工作簿。

（2）单击"常用"工具栏中的"保存"按钮，打开"另存为"对话框，默认的"保存位置"为"本地磁盘（D：）"，在"文件名"文本框中输入工作簿的名字"cunkuan"。

（3）单击"文件"→"退出"命令，退出 Excel 2003。

另外，启动 Excel 2003 后，使用"常用"工具栏中的"新建"按钮或单击"文件"→"新建"命令或者使用快捷键"Ctrl"＋"N"也可以创建一个新工作簿。

（二）熟悉 Excel 2003 的窗口组成

打开 D 盘根目录，双击 cunkuan. xls 工作簿的图标。此时，启动 Excel 2003 的同时打开了 cunkuan. xls 工作簿。认识并熟悉 Excel 2003 的窗口组成。

（1）一般工作簿中包含三个默认的工作表，名称为 Sheet1、Sheet2、Sheet3，单击其中一个标签时，该标签会呈高亮显示，表明该工作表为当前工作表（或活动工作表），Sheet1 为默认的当前工作表。依次单击其他工作表的标签，使之成为当前工作表。

（2）依次单击菜单栏中的各个菜单项，了解菜单中的各种命令。

（3）编辑栏的使用。将插入点定位在任一单元格，输入一些字符，然后单击编辑栏中的"取消"按钮 ✖，或按"Esc"键，单元格中的内容被清除；再将插入点定位在任一单元格，输入一些字符，然后单击编辑栏中的"输入"按钮 ✔，或按"Enter"键，单元格中保留了所输入的内容。

（4）关闭当前工作簿。单击工作簿窗口中的"关闭"按钮 ✖，或单击"文件"→"关闭"命令，关闭当前工作簿。

（三）编辑工作表

单击"文件"菜单，在下拉菜单的最近打开的文件列表中找到 cunkuan 文件名，并单击该文件名，打开 cunkuan. xls 工作簿。根据图 3-43 所示的工作表示例，按照下面的要求编辑工作表。

1. 重命名工作表

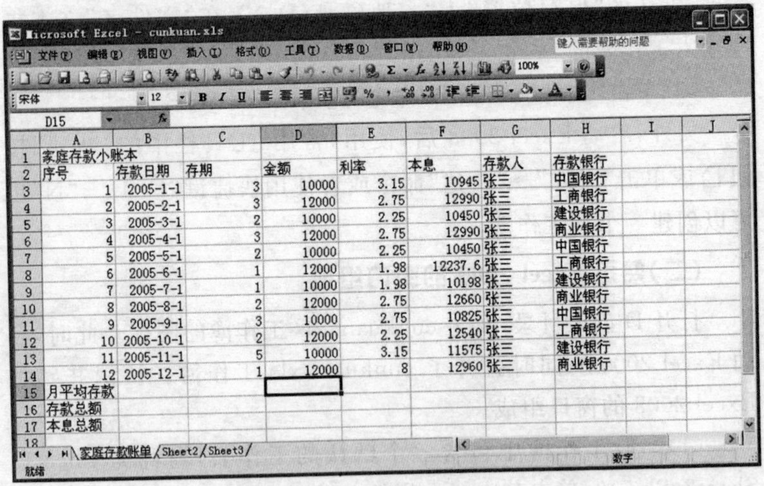

图 3-43　工作表示例

右键单击 Sheet1 标签，从弹出的快捷菜单中单击"重命名"命令（或双击 Sheet1 标签），将工作表的名称改为"家庭存款账单"。

2. 添加工作表标签颜色

鼠标右键点击"家庭存款账单",在快捷菜单中选择"工作表标签颜色"或者单击"格式"→"工作表"→"工作表标签颜色",可以设置工作表的标签颜色。

3. 合并单元格

选中要合并的单元格,单击"格式"→"单元格"→"对齐"→"合并单元格"。

4. 插入新的工作表

单击工作表标签"Sheet3",使工作表 Sheet3 成为当前工作表,点击"插入"→"工作表"插入新的工作表,名为"Sheet1",或在标签 Sheet3 上点击鼠标右键,或在出现的快捷菜单中选择"插入",在出现的对话框中选择"工作表"也可以插入新的工作表。

5. 复制与移动工作表

(1)在一个工作簿中移动或复制工作表。如果要在当前工作簿中移动工作表 Sheet3,可以沿工作表标签栏拖动选定的工作表标签到目标位置;如果要在当前工作簿中复制工作表 Sheet3,则需要在拖动工作表的同时按住"Ctrl"键到目标位置。

(2)在不同工作簿之间移动或复制工作表。

①在 D 盘根目录下建立新的工作簿 Book1,同时打开cunkuan. xls 和 Book1. xls;

②切换到包含需要移动或复制工作表的工作簿 cunkuan. xls中,新建名为"Test1"工作表,选定该工作表;

③选择"编辑"→"移动或复制工作表"命令,出现"移动或复制工作表"对话框;

④在对话框的"工作簿"下拉列表框中,选定用于接收工作表的工作簿 Book1. xls;

⑤在该对话框的"下列选定工作表之前"列表框中,单击需要在其前面插入移动或复制工作表的工作表;

⑥如果要复制而非移动工作表,则需要选中"建立副本"复选框;

⑦单击"确定"按钮,关闭对话框。

6. 隐藏工作簿和取消隐藏

打开需要隐藏的工作簿,单击"窗口"→"隐藏"命令即可隐藏该工作簿。如果想再显示该工作簿,可在"窗口"菜单上,单击"取消隐藏"命令。

7. 隐藏工作表和取消隐藏

(1)选定需要隐藏的工作表,点击"格式"→"工作表"→"隐藏",即可隐藏该工作表。

(2)点击"格式"→"工作表"→"取消隐藏",在对话框的"重新显示隐藏的工作表"列表框中,双击需要显示的被隐藏工作表的名称,即可重新显示该工作表。

8. 隐藏行与列和取消隐藏

选中要隐藏的行(列),单击"格式"→"行(列)"→"隐藏"可隐藏所选的行或列。选中整张工作表,单击"格式"→"行(列)"→"取消隐藏"可取消行或列的隐藏。

9. 隐藏工作表元素

单击"工具"→"选项"→"视图",可以选择工作表中元素的显示与隐藏。

10. 删除工作表

单击工作表标签"Sheet3(2)",使工作表 Sheet3(2)成为当前工作表,点击"编辑"→"删除工作表"命令。或者右击要删除的工作表 Sheet3(2),选择快捷菜单的"删除"命令。删除一部分工作表,使 cunkuan 工作簿中包含"家庭存款账单""Sheet2""Sheet3"三个工作表。

(四)填充数据

1. 手工填充

单击工作表中的 A1 单元格,输入文字"家庭存款小账本"。依次在工作表的 A2～H2 单元格中输入各字段的名称。填充"存期""利率""存款人"各字段所对应的数据。对输入数据的有效性进行设置。

例如,设置"存期"数据项的有效性条件:规定存期为 1～5 之间的整数;提示信息标题为"存期:",提示信息内容为"请输入1～5 之间的整数"。

(1)选中"存期"所在的数据区域 C3：C14,单击"数据"→"有效性"命令,打开"数据有效性"对话框,选中"设置"选项卡,按图 3-44 所示输入数据的有效性条件。

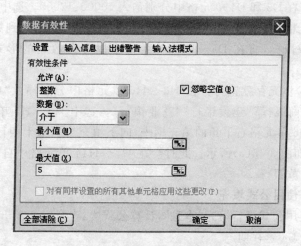

图 3-44 "数据有效性"对话框

(2)单击"输入信息"选项卡,在标题文本框中输入"存期:","输入信息"文本框中输入"请输入 1～5 之间的整数"。

(3)单击"确定"按钮,完成数据"有效性"的设置。当选中设置了数据有效性的单元格时,即刻会在其下方显示"输入信息"的提示内容,提醒用户输入合法的数据;当数据输入发生超出范围时,将会跳出"输入值非法"提示信息框。

2. 使用自动填充

(1)填充序号。在 A3 单元格中输入 1,按住"Ctrl"键的同时,向下拖动 A3 单元格右下角的填充柄**十**,直到第十四行,键盘和释放鼠标,如图 3-45(a)所示。此时,在 A4~A14 单元格中按顺序输入了 2,3,…,12。

(2)填充存款日期和金额。在 B3 和 B4 单元格中分别输入"2005-1-1""2005-2-1",选中 B3、B4 单元格,向下拖动 B4 单元格右下角填充柄**十**,直到第 14 行,释放鼠标,如图 3-45(b)所示,此时在 B5—B14 单元格自动填充"2005-3-1"、"2005-4-1"、…、"2005-12-1"。在 D3 和 D4 单元格中分别输入 10000、12000。选中 D3 和 D4 单元格,向下拖动 D4 单元格右下角的填充柄**十**,直到第十四行,释放鼠标,将在 D5~D14 单元格中以等差数列的形式输入数据。

(3)填充存款银行。在 H3~H6 单元格中分别输入"中国银行""工商银行""建设银行""商业银行"。选中 H3~H6 单元格,拖动 H6 单元格右下角的填充柄**十**,向下填充直到第十四行,释放鼠标,如图 3-45(c)所示。此时会在 H7~H14 单元格中自动循环输入存款银行。

3. 使用公式填充

使用公式进行填充"本息",计算公式为:本息=金额+金额×利率÷100×存期。

(1)选中 F3 单元格,单击编辑栏中的"编辑公式"**=**按钮,在编辑栏中输入"D3+D3 * E3/100 * C3",单击"输入"按钮或直接按回车键确认。也可以在单元格 F3 中直接输入"=D3+D3 * E3/100 * C3",然后按回车键。

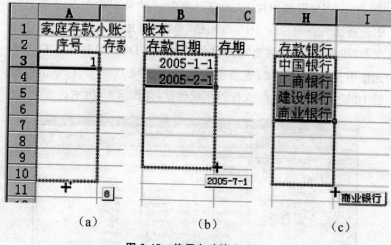

图 3-45　使用自动填充示例

（2）拖动 F3 单元格右下角的填充柄╋，向下复制 H3 单元格中的公式，直至第 14 行，释放鼠标。

（五）使用函数计算

1. 使用函数计算

在 A15 单元格中输入"月平均存款"，使用函数计算月平均存款，将计算结果存放在 D15 单元格。

（1）选中 D15 单元格，单击插入函数按钮 f_x，单元格和编辑栏中自动出现"="，并打开"插入函数"对话框。

（2）在"选择函数"列表框中选择求平均值函数"AVER-AGE"，单击"确定"按钮。

（3）在打开的 Average 函数面板中输入参与计算平均值的单元格区域，如 D3：D14，单击"确定"按钮。也可以在编辑栏中直接输入函数公式"=AVERAGE(D3：D14)，并按回车键确认。

2. 自动求和

在 A16 单元格中输入"存款总额"，将结果存放在 D16 单元格中;在 A17 单元格中输入"本息总额",将结果存放在 F17 单元格中。将插入点定位在 D16 单元格,单击"常用"工具栏中的"自动求和"按钮 **∑**,系统将自动给出单元格区域 D3:D15,并在 D17 单元格中显示计算公式,重新选定单元格区域 D3:D14,单击编辑栏上的"输入"按钮 **√**,或按回车键确认,如图 3-46 所示。

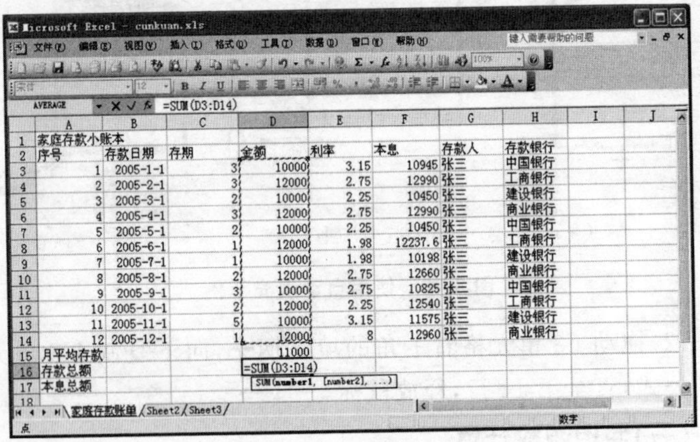

图 3-46　自动求和的工作表示例

(六)格式化工作表

将工作表进行必要的格式化设置,其效果如图 3-47 所示。

1. 设置工作表标题格式

操作要求:将 A1:H1 单元格区域合并居中;格式为"常规";字体为"隶书",字号为"24"磅,加粗;行高为"40"磅;颜色为"红色"。

(1)选中 A1:H1 单元格区域,单击"格式"→"单元格"命令,打开"单元格格式"对话框,单击"字体"选项卡,设置字体为"隶书",字形为"加粗",字号为"24"磅,颜色为"红色"。

(2)单击"对齐"选项卡,在"文本对齐"区域的"水平对齐"下拉

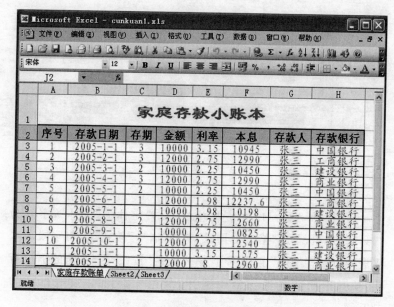

图 3-47　格式化设置的工作表示例

列表框中选择"居中"项,在"垂直对齐"下拉列表框中选择"居中"项,在"文本控制"区域中选中"合并单元格"复选框。更简捷的方法:选中 A1：H1 单元格区域,单击常用工具栏中的"合并及居中"按钮圖。

（3）单击"数字"选项卡,单击"分类"列表框中"常规"类型,单击"确定"按钮。

（4）鼠标右键单击第一行的行号,单击快捷菜单中的"行高"命令,打开"行高"对话框,在对话框中设置行高为"40"磅,如图 3-48 所示,单击"确定"按钮。

2.设置工作表字段名格式

操作要求:"字体"为"宋体",字号为"14"磅,加粗;对齐方式为"水平居中";行高"20"磅;列宽为"最适合的列宽";图案为"灰色

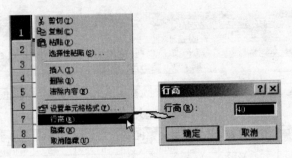

图 3-48　设置"行高"

—25％"。

（1）选中 A2：H2 单元格区域，设置字体为"宋体"，字号为"14"磅，加粗；单击"格式工具栏"中的"居中"按钮 ，将字段名水平居中；单击"绘图"工具栏中"填充颜色"按钮 右侧的下拉箭头，从弹出的颜色选择板中选择"灰色－25％"。设置行高为"20"磅。

（2）选中 A－H 列，单击"格式"→"列"→"最适合的列宽"命令，为各列设置最适合的列宽。

3.设置数据格式

将单元格区域 A3：H14 中的数据格式设置为：水平居中、垂直居中、楷体、14 磅、行高 14 磅。先选中 A3：H14 单元格区域，其他的设置方法按照第 82 页（1）中步骤进行操作即可。

4.设置边框线

设置 A2：H14 单元格区域的边框线：四周为"粗线"，内部为"细线"。

（1）选中 A2：H14 单元格区域，单击"格式"→"单元格"命令，打开"单元格格式"对话框，单击"边框"选项卡，在"线条"区域的"样式"列表框中选择"粗线"型，在"预置"区域中单击"外边框"按钮，如图 3-49（a）所示。

（2）在"线条"区域的"样式"列表框中选择"细线"型，在"预置"区域中单击"内部"按钮，如图 3-49（b）所示，单击"确定"按钮，完成边框线的设置。

5. 保存工作簿并退出 Excel 2003

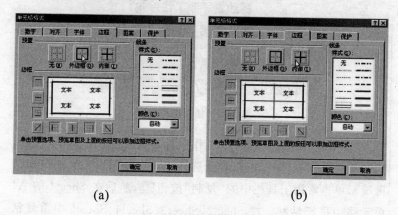

（a）   （b）

图 3-49　设置边框线示例

（七）制作工作表副本

打开 cunkuan. xls 工作簿，插入三个工作表 Sheet1、Sheet4、Sheet5，将"家庭存款账单"工作表中的全部数据复制到工作表 Sheet1、Sheet2、Sheet3、Sheet4、Sheet5 中。将各工作表中的数据设为最适合列宽，并保存工作簿。

（1）打开 cunkuan. xls 工作簿，鼠标右键单击 Sheet2 工作表标签，打开快捷菜单，如图 3-50 所示，单击"插入"命令，打开"插入"对话框，双击工作表图标，或单击 Sheet2 工作表标签，再单击"插入"→"工作表"命令，都可在 Sheet2 之前插入一个名为 Sheet1 的工作表。

（2）用同样的方法，在 Sheet3 之前插入工作表 Sheet4 和 Sheet5。

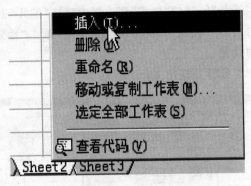

图 3-50　插入工作表

（3）单击"家庭存款账单"工作表标签，使之成为当前工作表，选中整个工作表（单击工作表全选标记——行与列交叉的左上角区域），单击常用工具栏中的"复制"按钮，然后在 Sheet1 的 A1 单元格中进行粘贴。在 Sheet2、Sheet3、Sheet4、Sheet5 中重复粘贴操作。

（4）设置各工作表中的数据为最适合列宽，并保存修改后的工作簿。

二、Excel 2003 数据处理

（一）数据排序操作

1. 排序

将 Sheet1 工作表重命名为"排序"，并在该工作表中按"存期"升序排列，"存期"相同时再按"存款日期"降序排列。

（1）双击 Sheet1 标签，输入"排序"，然后单击工作表中的任意单元格，或按回车键，完成对工作表的重命名。

（2）选中 A2：H14 单元格区域，单击"数据"→"排序"命令，打开"排序"对话框。

（3）从"主要关键字"区域下拉列表框中选择"存期"，单击"递增"单选按钮；从"次要关键字"区域下拉列表框中选择"存款日期"，单击"递减"单选按钮；单击"当前数据清单"区域的"有标题行"单选按钮（如选择"无标题行"单选按钮，系统会把字段名混同数据一起排序），如图 3-51 所示。

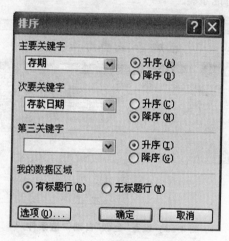

图 3-51　"排序"对话框

（4）单击"确定"，进行排序。当对选中数据区域中的任意单元格进行排序时，系统默认选中所有数据作为排序对象。若只对部分数据排序，应先选择待排序的数据区域，然后再执行排序命令。

（二）自动筛选和高级筛选设置

1.自动筛选

将 Sheet2 工作表重命名为"自动筛选"，然后自动筛选出"金额"大于 11000 且"存款银行"为"工商银行"和"中国银行"的记录。

（1）将 Sheet2 工作表重命名为"自动筛选"。

（2）选中 A2：H14 单元格区域，单击"数据"→"筛选"→"自动筛选"命令，工作表中每个字段名后将出现一个下拉箭头按

钮 ▼。

(3)单击"金额"右侧的下拉箭头按钮,在下拉列表框中选择"自定义"项,打开"自定义自动筛选方式"对话框,按图 3-52 所示进行设置,单击"确定"按钮,此时,将在工作表中只显示出"金额"大于 11000 的记录。

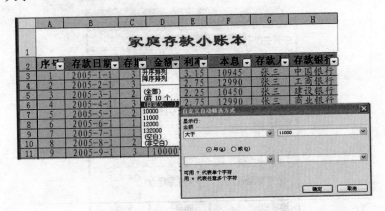

图 3-52   设置"金额"自动筛选条件

(4)单击"存款银行"右侧的下拉箭头按钮 ▼ ,在下拉列表框中选择"自定义"项,打开"自定义自动筛选方式"对话框,按图3-53所示进行设置,单击"确定"按钮。此时,在工作表中显示的是"金额"大于 11000 且存款银行为"中国银行"或"工商银行"的记录,筛选结果如图 3-54 所示。

筛选结束后,"金额"和"存款银行"字段名后的下拉箭头 ▼ 按钮变为蓝色,这两条记录的行号也变为蓝色,说明这些字段及记录是经过自动筛选的。

2. 高级筛选

将 Sheet4 工作表重命名为"高级筛选"。在工作表中对"本息"和"存期"进行高级筛选。筛选条件为:"本息≥11000"并且

图 3-53 设置"存款银行"自动筛选条件

	A	B	C	D	E	F	G	H
1				家庭存款小账本				
2	序号	存款日期	存期	金额	利率	本息	存款人	存款银行
4	2	2005-2-1	3	12000	2.75	12990	张三	工商银行
8	6	2005-6-1	1	12000	1.98	12237.6	张三	工商银行
12	10	2005-10-1	2	12000	2.25	12540	张三	工商银行

图 3-54 自动筛选结果示例

"存期<3",或者"存期＝5",条件区域存放在 A18 开始的单元格区域,筛选结果存放在 A21 开始的单元格区域。

(1)将 Sheet4 工作表重命名为"高级筛选"。

(2)填写筛选条件。将字段名"本息""存期"复制到 A18 开始的单元格,A19 输入">＝11000",B19 输入"<3",A20 输入"5"。

(3)将插入点定位在数据清单任一位置,单击"数据"→"筛选"→"高级筛选"命令,打开"高级筛选"对话框。

(4)设置"数据区域""条件区域"和"结果"复制到的内容。

设置"数据区域"时,可以直接输入区域＄A＄2：＄H＄14,或通过"折叠"按钮在数据清单中选择数据区域。用同样的方法设置"条件区域"和结果"复制到"的位置。

提示:在填写条件区域时,条件字段名最好采用复制、粘贴的方式填写,确保与数据清单中的字段名格式保持一致。

(5)单击"确定"按钮执行高级筛选操作,其筛选结果如图3-55所示。

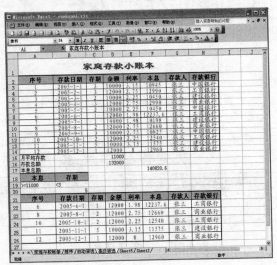

图3-55 高级筛选示例

(三)分类汇总操作

1. 分类汇总

将工作表 Sheet5 重命名为"分类汇总",并按不同的"存期"对"金额"和"本息"进行汇总。

(1)将 Sheet5 工作表重命名为"分类汇总"。

(2)将插入点定位在"存期"列中的任一单元格,单击"常用"工具栏中的"排序"按钮（升序,也可单击"降序"按钮）。

(3)单击"数据"→"分类汇总"命令,打开"分类汇总"对话框。

（4）在"分类汇总"对话框中对以下参数进行设置。"分类字段"：从下拉列表框中选择"存期"（排序字段）。"汇总方式"：从下拉列表框中选择"求和"。"选定汇总项"：从下拉列表框中选中"金额"和"本息"复选框。其他参数可取系统默认的设置，如图 3-56 所示。

图 3-56　"分类汇总"对话框

（5）单击"确定"按钮，完成分类汇总操作，其结果如图 3-57 所示。

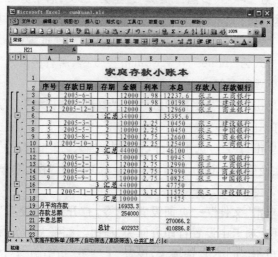

图 3-57　"分类汇总"结果示例

(四)设置打印区域

1. 打印设置

打开工作簿"cunkuan. xls",选择"家庭存款账单"工作表为当前工作表,设置打印区域为 A2∶F10,并预览打印效果。

(1)打开工作簿"cunkuan. xls",单击"家庭存款账单"工作表标签,选定单元格区域 A2∶F10。

(2)单击"文件"→"打印区域"→"设置打印区域"命令。打印区域设置完成后,选定的单元格区域上将出现虚线,并且"名称框"中出现"Print_Area"(打印区域),表示打印区域已被设置。

(3)单击"常用"工具栏中的"预览"按钮 。

2. 设置页面

选择"家庭存款账单"为当前工作表,取消打印区域 A2∶F10,在第 7 行上插入分页符,并对页面进行设置。打印方向:"横向";纸张大小:"Letter";设置页边距:"上""下"边距为"4";"左""右"边距为"2.4","页眉""页脚"边距为"2.8";居中方式:"水平居中"和"垂直居中";设置页眉:"2005 年上半年和下半年家庭存款记录",字体格式为隶书、加粗、24 号、居中;设置页脚:"2006－1－1",字体格式为"Times New Roman"、16 磅、居右;"页码"居中;打印"顶端标题行":第二行。

(1)单击"文件"→"打印区域"→"取消打印区域"命令,取消已设定的打印区域。

(2)单击行号 7,选中该行,再单击"插入"→"分页符"命令,将在该行上面插入一行分页符(一条虚线),单击"视图"→"分页预览"命令。

(3)单击"文件"→"页面设置"命令,打开"页面设置"对话框,在"页面"选项卡中设置打印方向为"横向",纸张大小为"Letter"。

(4)单击"页边距"选项卡,设置"上""下"边距为"4","左""右"

边距为"2.4";设置"居中方式"为"水平居中",设置"页眉""页脚"边距为2.8。

(5)单击"页眉/页脚"选项卡,在如图 3-58 所示的对话框中设置页眉/页脚。

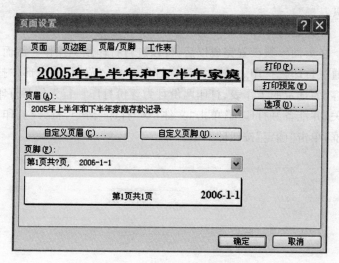

图 3-58　"页眉/页脚"选项卡

单击"自定义页眉"按钮,打开"页眉"对话框,在"中"区域列表框中输入"2005 年上半年和下半年家庭存款记录";选定所输入的文字,单击"设置字体" A 按钮,设置字体格式为隶书、加粗、24 号,单击"确定"按钮,返回到"页眉/页脚"选项卡。

单击"自定义页脚"按钮,打开"页脚"对话框,在"右"区域列表框中输入"2006－1－1",选定输入的文字,单击"字体"按钮 A ,设置字体格式为"Times New Roman"、加粗、16 磅;单击"中"区域列表框,再单击"页码"按钮 ,在"&[页码]"之前输入"第"字,之后输入"页"字,然后单击"总页数"按钮 ,在"&[总页数]"之前输入"共"字,之后输入"页"字。单击"确定"按钮,返回到"页眉/页脚"选项卡。

(6)单击"工作表"选项卡,设置"顶端标题行"为"＄2：＄2"。

(7)单击"确定"按钮,完成页面设置。在常用工具栏中单击"预览"按钮，可预览第一页,单击"下一页"按钮,可以预览第二页。

3. 开始打印

在页面参数设置完成以后,可以进行打印预览操作。然而,真正通过打印机打印之前还需设置打印参数:"范围"为全部、"打印内容"为选定的工作表、打印两份且为逐份打印。首先打开打印机开关,并准备好打印纸,单击"文件"→"打印"命令,打开"打印"对话框,单击"确定"按钮即开始打印。

第四章　上网基本操作

第一节　网络连接

一般来说在 Windows 桌面上都有网络连接的快捷方式。

第一步,在桌面上用鼠标右键点击"网上邻居",点击"属性"。

第二步,在"网络任务"中单击"创建一个新的连接",如图 4-1 所示;或在文件菜单中选择"新建连接",如图 4-2 所示。打开"新建连接向导"对话框。

第三步,打开"新建连接向导"对话框,单击"下一步"按钮。

图 4-1　"创建一个新的连接"选项

图 4-2 "新建连接"菜单

第四步,选择"连接到 Internet(C)"选项,单击"下一步",如图 4-3 所示。

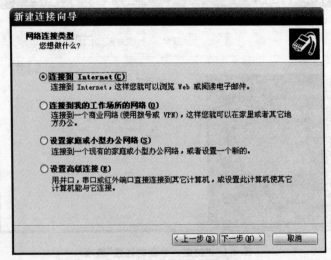

图 4-3 选择"网络连接类型"

第五步,选择"手动设置我的连接",单击"下一步"。

第六步,选择"用要求用户名和密码的宽带连接来连接"选项,单击"下一步"。

第七步,在"ISP 名称"中输入连接名称,如"电信宽带"。单击"下一步"按钮。(ISP 是指网络的运营商,比如中国电信)

第八步,输入用户名和密码,并在"确认密码"中重新输入一次密码。单击"下一步"按钮,如图 4-4 所示。(用户名和密码在办理了宽带业务后从运营商那里得到)

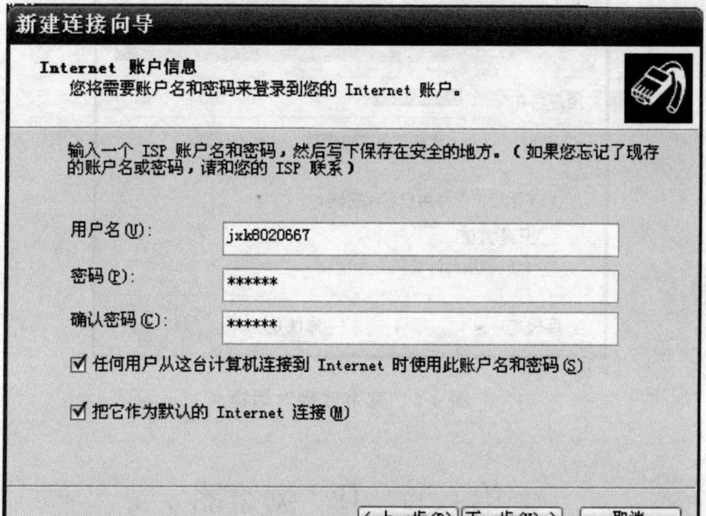

新建连接向导

Internet 账户信息
您将需要账户名和密码来登录到您的 Internet 账户。

输入一个 ISP 账户名和密码,然后下写下保存在安全的地方。(如果您忘记了现存的账户名或密码,请和您的 ISP 联系)

用户名(U):　　jxk8020667

密码(P):　　　******

确认密码(C):　　******

☑ 任何用户从这台计算机连接到 Internet 时使用此账户名和密码(S)

☑ 把它作为默认的 Internet 连接(M)

〈上一步(B)　下一步(N)〉　取消

图 4-4　设置账号、密码

第九步,可选择是否在桌面上建立快捷方式,若要创建快捷方式,就在"我的桌面"添加一个到此连接的快捷方式"前的复选框里打上"√"。单击"完成"按钮,即在"网络连接"中增加了一个"宽带"连接图标。

第十步，双击"网络连接"窗口中的"宽带"图标。若已在桌面上创建快捷方式图标，也可双击桌面上的快捷图标，弹出"连接宽带"对话框，如图4-5所示。

图4-5　宽带连接对话框

第二节　IE8 浏览器

一、通过 IE8 浏览器上网

互联网上有非常丰富的信息资源，为了及时获得这些信息，我们必须掌握一个工具。因为这些信息都是通过网页的形式发布的，所以我们要学会使用浏览网页的工具——浏览器。

(一) 启动 IE8 浏览器

单击"开始"按钮,在打开的"开始"菜单中单击"程序"选择"Internet Explorer"(就是 IE 浏览器),如图 4-6 所示。

图 4-6 "开始"菜单中的 IE 图标

（二）认识 IE8 界面

图 4-7　IE8 的界面

为了方便大家使用,现在详细说明图 4-7 中的内容。

1. 地址栏按钮

显示当前正在访问的网页地址,同时可以在这里输入新地址,按下回车键就可以打开。地址栏右侧的"刷新"按钮和"停止"按钮分别用来重新载入当前页面和停止页面载入的操作。

2. 工具栏

显示一些浏览网页时的常用工具。

3. 前进/后退按钮

利用这两个按钮在打开的多个网页之间切换。单击按钮右侧的三角箭头,在弹出的浏览历史菜单中可选择需要切换的网页。

4. 收藏夹

显示了收藏夹的内容,同时还可以显示打开网页的历史记录。

5. 收藏夹栏

链接工具栏,直接单击其中的按钮就可以打开相关的网页。

6. 快速导航按钮

单击此按钮后,当前打开的所有选项卡都会以缩略图的形式显示出来,方便了从多个已打开的网页中找到需要的网页。

7. 状态栏

此处可以显示和当前网页有关的信息。

8. 搜索框

如果需要搜索资源,可以直接将关键字输入搜索框中,按下回车键后将打开默认的搜索引擎进行搜索。

9. 新建选项卡按钮

单击这个按钮可以新建一个选项卡。

10. 缩放按钮

该按钮可以将网页放大或者缩小显示。

(三) 使用 IE8 来浏览网页

在地址栏中输入网页地址打开相应网站,如图 4-8 所示。

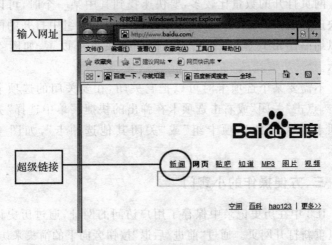

图 4-8 在地址栏中输入网址打开网页

在输入相应的网址后按下回车键就能打开对应的网站。有时,在打开的网页上,有一些文字或图片,当鼠标放在上面时,鼠标会变成 ,说明这里是一个超级链接,只要用鼠标点击这个超级链接,就能打开它所指向的新的网页。

二、打开或关闭多个网页

一般情况下每打开一个新的网页就会打开一个浏览器窗口,多了之后看上去会很乱。在 IE8 中单击"新建选项卡",在新选项卡的地址栏中输入要打开的网址,按回车键后就在这个浏览器窗口中得到一个新打开的网页。如果要打开的网址是当前网页中的一个超级链接,用鼠标右击此链接,在弹出的菜单中选择"在新选项卡中打开",如图 4-9 所示。这样多个网页就在同一个浏览器中了,当我们要选择其中某一个时,只要在选项卡栏中单击对应的选项卡即可。

网页打开的数量比较多,要快速找到其中某一个时,可以使用快速导航按钮,单击"快速导航按钮",选项卡组中打开的网页会以缩略图形式显示,单击要访问的网页就可以了,如图 4-10 所示。

不需要某个选项卡时可以把它关闭,在要关闭的选项卡上单击,点击"关闭"或右击选项卡在弹出的快捷菜单中选择"关闭选项卡""关闭此选项卡组"或"关闭其他选项卡",如图 4-11 所示。

三、方便操作的小窍门

IE8 中在历史记录中保存了用户访问的网址,通过历史记录可以重新打开网页。通过"前进/后退"按钮旁向下的箭头来访问,如图 4-12 所示。

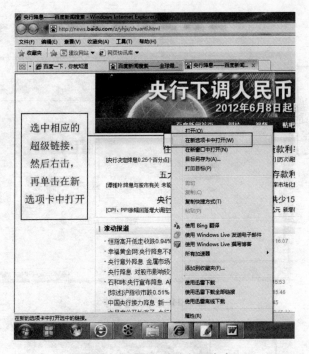

图 4-9 在新选项卡中打开命令

图 4-10 快速导航按钮

图 4-11　关闭选项卡

图 4-12　历史记录

　　另一种方法是单击地址栏右侧的下拉列表按钮，在弹出的下拉列表中选择网址，如图 4-13 所示。

图 4-13　地址栏下拉列表

还有一种方法是单击"收藏夹"按钮，打开"历史记录"列表框，选择一种合适的查看方式，可以很快找到需要的网址，如图 4-14 所示。

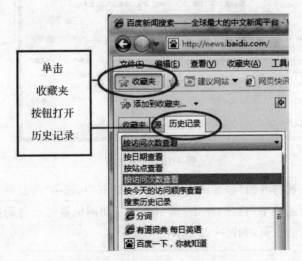

图 4-14　通过收藏夹打开历史记录

如果网页上的字看不清楚，可以把网页放大。把鼠标移动到IE8 窗口的右下角，单击"更改缩放级别"，网页就会放大 25％。如果觉得放大的倍数不够，可以单击"更改缩放级别"右边的三角按钮，在弹出的菜单中指定放大的倍数。

通过浏览器的地址栏打开需要设置为主页的网页，单击"主页"按钮右侧三角形按钮，在弹出的菜单中选择"添加或更改主页"选项，如图 4-15 所示。更改主页后，就能方便迅速地浏览常用网页了。

图 4-15　设置主页

在被打开的"添加或更改主页"对话框中，选中"将此网页添加到主页选项卡"选项，单击"是"，再次启动浏览器时会自动打开已经设置的主页，如图 4-16 所示。

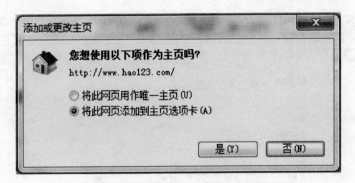

图 4-16　设置添加或更改主页选项卡

第三节　搜索引擎

一、找到需要的信息

常见的搜索引擎有百度、谷歌、雅虎、搜狐等。其中，最有名的就是百度，它功能完备，搜索精度高，是目前国内技术水平最高的搜索引擎，建议大家用百度搜索作为常用搜索工具。启动浏览器在地址栏中输入百度的网址（http://www.baidu.com）。百度的界面中有新闻、网页、贴吧、知道、MP3、图片、视频、地图等内容可以搜索。当点击"更多"按钮时，可看到百度搜索功能的强大，如图4-17所示。

通过搜索网页可以获取相关信息，可在百度搜索页面选择"网页"，在搜索框中输入关键词。

（一）使用多个关键词搜索

选择多个词中间加空格进行搜索，用户输入多个关键词搜索，可以获得更精确更丰富的搜索结果。当要找的关键词较长时，建议将它拆成几个关键词来搜索，中间用空格隔开。

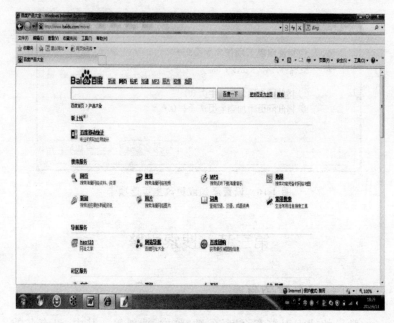

图 4-17　百度搜索分类页面

（二）使用双引号搜索

给要查询的关键词加上双引号要求查询结果要精确匹配，不包括演变形式。例如，在搜索引擎的文字框中输入"电传"，它就会罗列网页中有"电传"这个关键字的网址，而不会出现含有诸如"电话传真"之类网页。

（三）使用加号搜索

在关键词的前面使用加号，也就等于告诉搜索引擎该词必须出现在搜索结果中的网页上。例如，在搜索引擎中输入"＋电脑＋电话＋传真"就表示要查找的内容必须要同时包含"电脑""电话""传真"这三个关键词。

(四)使用减号搜索

在关键词的前面使用减号,也就意味着在查询结果中不能出现该关键词。例如,在搜索引擎中输入"电视台-中央电视台",它表示最后的查询结果中一定不包含"中央电视台"。

二、寻找图片信息

百度从众多中文网页中提取各类图片,建立了世界第一的中文图片库。我们可以输入任何关键词搜索到想要的图片资料。

打开很多图片后,找到想要的那张图片点击它,就能看到这张图片的详细介绍。如果想要把它保存到我们的计算机里,右击图片,在弹出的快捷菜单中选择"图片另存为"命令,选择存放图片的地方,就把它保存在硬盘里了。

三、搜索天气预报

通过搜索可以得到很多有用的信息,比如天气预报。虽然我们的农民朋友大多有一套看云识天气的本领,但现在高科技的气象卫星可以提供非常准确的天气预报。在百度搜索框中输入"天气预报",单击"百度一下",如图 4-18 所示。

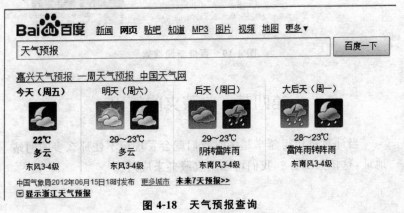

图 4-18 天气预报查询

知道了接下来几天的天气就可以好好地计划农业生产或是其他事情,这对于我们是十分有益的。

四、搜索新闻

我们可以打开百度新闻首页有选择地看新闻,如图 4-19 所示。

图 4-19　百度新闻搜索

第四节　收藏夹的使用

当计算机用得越来越多时我们就会发现记不住那么多的网站地址,这该怎么办? 我们可以用收藏夹来应对。

一、添加网页到收藏夹

(一)添加一个网页到收藏夹

在 IE8 中打开要收藏的网页,单击"收藏夹"按钮,在展开的下拉菜单中选择"添加到收藏夹"命令,如图 4-20 所示。

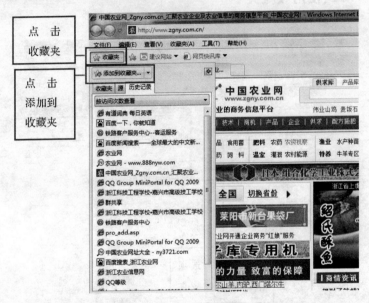

图 4-20 添加到收藏夹

在跳出的"添加收藏"对话框中,设置这个网页在收藏夹项目中的名称后单击"添加"按钮就添加成功了。

(二)添加多个网页到选项卡组

以上我们收藏了单个的网页,如果同时有多个网页需要收藏,可以把需要收藏的网页添加到同一个选项卡组。把这些网页都在一个 IE8 浏览器窗口中打开,单击"收藏夹"按钮,再单击"添加到收藏夹"按钮旁的三角按钮,在弹出的菜单中选择"将当前选项卡添加到收藏夹"命令,如图 4-21 所示。

在跳出来的"将选项卡添加到收藏夹"对话框中,为选项卡组指定名称并选择保存位置后单击"添加"按钮就可以了。

二、使用收藏夹

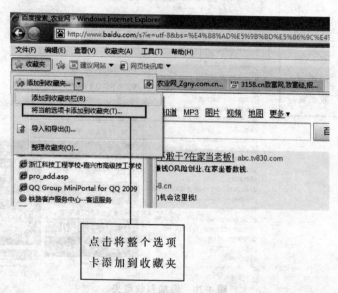

图 4-21 收藏当前选项卡

将经常访问的网页地址添加到收藏夹后,可以在需要的时候单击选项卡栏左侧的"收藏夹"按钮,接下来在 IE8 窗口最左侧会出现收藏中心面板。在收藏中心面板单击每个文件夹就可以将文件夹展开,看到里面保存的收藏记录,而单击每个记录后可以在当前选项卡中打开收藏的网页,如图 4-22 所示。

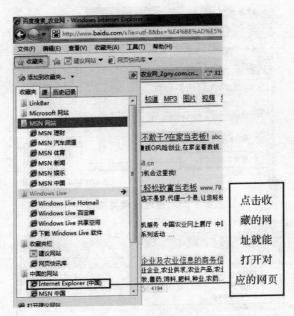

图 4-22 收藏夹列表

三、整理收藏夹

我们可以对收藏夹进行整理,使收藏夹中的网址分门别类保存。在收藏中心面板,单击"添加到收藏夹"按钮边上的向下箭头,在下拉菜单中选择"整理收藏夹"命令,如图 4-23 所示。

打开了"整理收藏夹"对话框后,我们可以进行新建文件夹、收藏夹或收藏网页的移动、重命名和删除操作,如图 4-24 所示。

(一)新建收藏夹

在"整理收藏夹"对话框中的"新建文件夹",类似于 Windows 资源管理器中新建文件夹。单击"新建文件夹"按钮,在收藏夹列表中立即显示一个等待重命名的文件夹,输入新名称为"新建文件夹"命名。

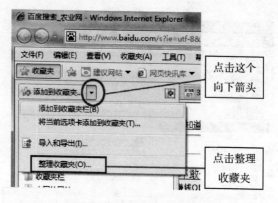

图 4-23　整理收藏夹按钮

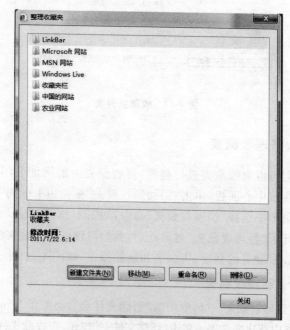

图 4-24　整理收藏夹对话框

（二）移动收藏夹或收藏网页

在"整理收藏夹"对话框中可以将网页或文件夹移动到某个收藏夹。首先选中要移动的网页或文件夹，再单击"移动"按钮，在弹出"浏览文件夹"对话框后选择目标文件夹，最后单击"确定"按钮。

（三）重命名或删除收藏夹

在"整理收藏夹"对话框中如果要将网页或文件夹重命名或删除，首先选中要重命名或删除的网页或文件夹，单击"重命名"按钮，即可为选中的网页或文件夹输入一个新名称；单击"删除"可以删除该网页或文件夹。

第五章 网络实际应用

上一章讲到了如何上网以及上网之后怎样打开网页和利用百度这个搜索引擎来找我们想要的东西。这一章我们来学习几个和生活相关的网络实际操作。

第一节 介绍农业网站

一、搜寻农业网站

在百度搜索框中输入"农业网",点击"中国农业网址大全",然后就可以找到很多农业类网站了,如图5-1所示,向大家推荐农业网,其设计合理,条目清楚。在"中国农业网址大全"中点击"农业网",就可以打开这个网站了,如图5-2所示。在首页上有"供求信息"栏目,分为两块,左边一块是"供应信息",右边一块是"求购信息",如图5-2所示。

如果我们想知道更多的内容就点击边上的"更多"按钮。如图5-3所示,点击"更多"按钮后可以看到每页有10条信息,共200多页。将网页向下拉动,还可以看到"农资市场信息"和"市场价格分析"以及"产品展厅"和"产品外销信息"等不少有用的信息,我们还可以点击每个标题右边的"详细信息"来寻找。

下拉网页,"农业会展信息"介绍了新的农产品和一些有特色的农产品,"中国农产品信息"介绍了全国各地农产品的信息,"农业图书馆"介绍了各种农产品生产和养殖技术,"致富故事"会给我们很多启发,"惠民政策"使我们更好地把握政策,带来更多实惠,如图5-4所示。

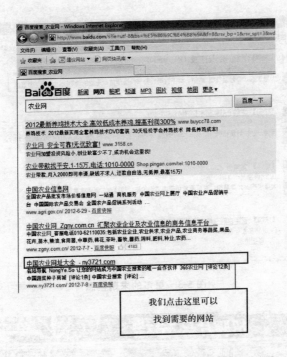

图 5-1 农业网址大全

图 5-2 农业网首页

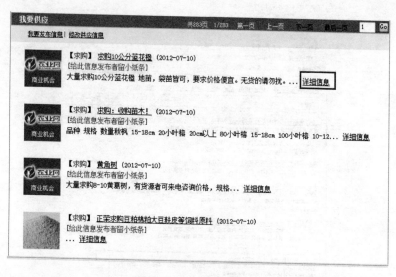

图 5-3　更多的求购信息

图 5-4　分类信息

二、用户注册和登录

　　网页右边有一个小栏目叫"贴心服务",有"帮您销售""专家指导""电脑学习""农技视频"和"使用说明"五项内容,各项内容都非常实用。当点击"帮您销售"时,会跳出一个要求登录的对话框。很多网站浏览时是不需要登录的,但要进一步操作时,就会要求用户登录,好在很多网站对用户来说是免费的。

　　接下来我们学习一下用户的注册和登录。首先回到首页,找到"会员登录"对话框,点击"注册会员"。接下来出现一个"确认服务条款"页面,看完用户许可协议后点击"确定"。接下来填写注册信息,首先是设置用户名,用户名建议起一个自己容易记住的名字。然后是设置密码,密码建议起一个不容易被别人猜到的密码,最好是用数字加字母的混合形式。选择正式会员,接着要照样输入验证码,最后点击"下一步",如图 5-5 所示。

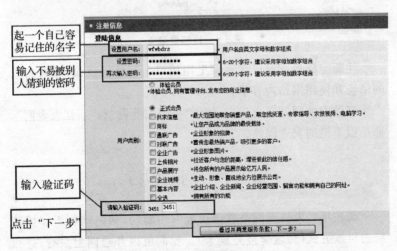

图 5-5　注册信息 1

"注册信息"第二页内容比较多,但不是每一个都必须填写,有的时候也要注意保护自己的隐私,如图 5-6 所示。

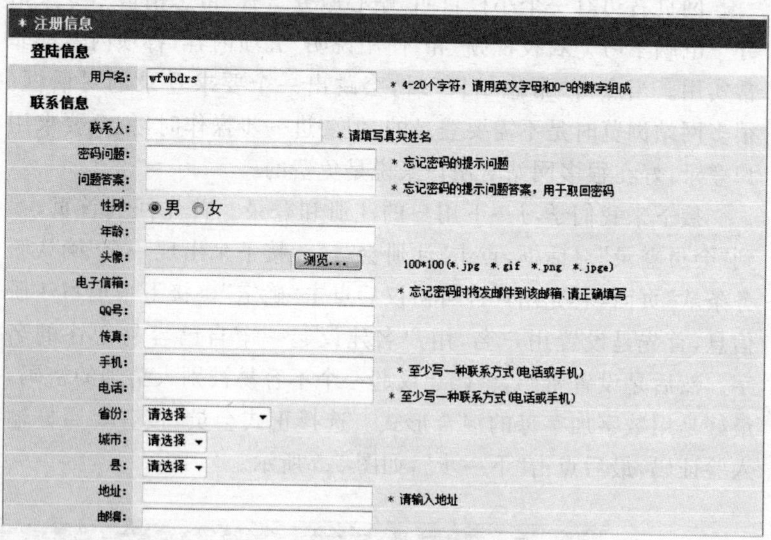

注册信息		
登陆信息		
用户名:	wfwbdrs	* 4-20个字符,请用英文字母和0-9的数字组成
联系信息		
联系人:		* 请填写真实姓名
密码问题:		* 忘记密码的提示问题
问题答案:		* 忘记密码的提示问题答案,用于取回密码
性别:	◉男 ○女	
年龄:		
头像:	浏览...	100*100 (*.jpg *.gif *.png *.jpge)
电子信箱:		* 忘记密码时将发邮件到该邮箱,请正确填写
QQ号:		
传真:		
手机:		* 至少写一种联系方式(电话或手机)
电话:		* 至少写一种联系方式(电话或手机)
省份:	请选择 ▾	
城市:	请选择 ▾	
县:	请选择 ▾	
地址:		* 请输入地址
邮编:		

图 5-6　注册信息 2

注册完毕后就可以在首页上用用户名和密码登录,发布自己的信息和使用网站内容了。

好的农业网站还有很多,例如"中国农业网"和"浙江农业网",都是很不错的农业网站。

第二节　网上银行

现在很多人说到网络就会说起网络购物,网络购物不能用传统的付款方式(付现金或是刷卡)。我们可以开通网上银行,进行网上支付。接下来以工商银行为例介绍网上银行和网上银行的开通。

一、开通网上银行账户

我们以工商银行为例演示开通网上银行办理账面余额查询、转账、汇款、近期交易查询等业务。开通网上银行的必要条件是办理了工行借记卡或信用卡,工行有一个专门的网上银行卡叫"金融@家",去银行办理了信用卡后还要购买一个 U 盾,主要是为了安全起见,而且 U 盾用户每日没有最大交易额限制。

我们在银行办理了相关的业务后,回到家打开计算机,打开IE8 浏览器,借助百度搜索引擎找到工商银行网上银行后打开该网页。网上银行开通分以下五步:

第一步,开始注册,打开工商银行主页后,找到"个人网上银行登录"下方的"注册"按钮,点击后开始注册网上银行账户。仔细阅读"网上自助注册须知"后,点击"注册个人网上银行"。

第二步,点击"注册个人网上银行"后,在用户自助注册对话框中填写注册卡的账号、密码、验证码。

第三步,点击"提交"和"接受此协议"。

第四步,点击"接受此协议"后,系统自动跳转至"注册个人网上银行"详细信息的对话框,如图 5-7 所示。

第五步,填写完整信息后点击"提交",跳出确认成功对话框,点击"确定"完成注册,关键是请记下登录密码。

二、U 盾的安装

U 盾的安装分以下六步:

第一步,插入 U 盾光盘,光盘会自动运行系统升级程序,弹出安装主界面。若光驱未自动运行,可以手动(双击)运行 autorun.exe安装。

第二步,选择要安装的版本(个人版或企业版),点击"下一步"继续程序安装。点击"取消"则放弃此次安装。

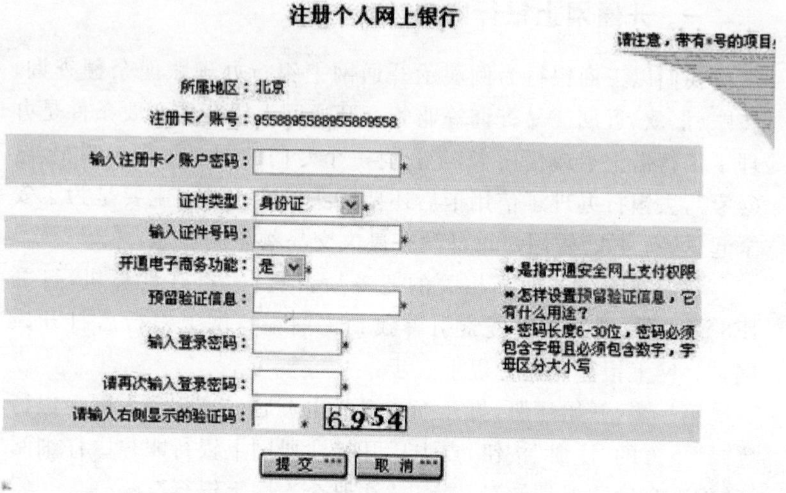

注册个人网上银行

请注意，带有*号的项目

所属地区：北京

注册卡／账号：9558895588955889558

输入注册卡／账户密码：[＿＿＿＿＿＿] *

证件类型：[身份证 ▾] *

输入证件号码：[＿＿＿＿＿＿] *

开通电子商务功能：[是 ▾] *　　*是指开通安全网上支付权限

预留验证信息：[＿＿＿＿＿＿]　　*怎样设置预留验证信息，它
有什么用途？

输入登录密码：[＿＿＿＿] *　　*密码长度6-30位，密码必须
包含字母且必须包含数字，字
母区分大小写

请再次输入登录密码：[＿＿＿＿] *

请输入右侧显示的验证码：[＿＿] *　*6.9.5.4*

[提交****]　[取消****]

图 5-7　填写注册详细信息

第三步,点击"是"接受工行许可协议,继续安装程序;点击"上一步"将退回上一界面;点击"否"将关闭程序安装界面,退出程序安装。

第四步,安装程序将检测您的系统及补丁信息,点击"下一步"继续安装;点击"上一步"将退回上一界面;点击"取消"将退出程序安装。

第五步,安装程序提示"正在安装 USB 驱动程序,请耐心等待⋯⋯",最终点击"完成"按钮结束安装。

第六步,连接 U 盾,系统提示找到新硬件并完成驱动程序的安装。

三、网银证书下载

个人客户如第一次使用 U 盾,需要登录工行网站下载证书。网银证书下载分以下六步:

第一步,在桌面上双击"ICBC 在线银行"或在浏览器中直接输入工行网址,点击个人网上银行登录。第一次进入个人网上银行服务页面后,系统将提示数字证书未下载,点击"确定"。若系统未提示,也可以通过"客户服务"→"U盾管理"→"U盾自助下载"栏目中下载证书。

第二步,系统提示数字证书未下载,点击"确认"后如图5-8所示,点击"开始下载",页面将提示设置密码并进行密码确认。或通过路径"客户服务"→"U盾管理"→"U盾自助下载"进行下载证书。设置完密码后,点击"下载"。其中,CSP项不可选,系统自动选择相应的CSP。请牢记设置的U盾密码,此密码即是证书密码。网银交易或登录华虹客户端管理工具时需输入该密码。

第三步,在弹出的"潜在的脚本冲突"提示对话框中,单击"是"开始下载证书,单击"否"放弃下载。

第四步,在弹出的对话框中输入密码,点击"确定"。

第五步,弹出两个"潜在的脚本冲突"提示框。选择"是",下载证书;选择"否",放弃下载证书,

第六步,最后系统提示"U盾下载成功"就可以了。

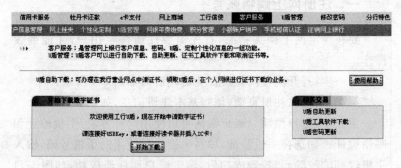

图5-8 系统提示下载证书

U 盾下载证书信息时，首先应安装好驱动程序，并将 U 盾正确插接到计算机 USB 接口上。在进行缴费时，如果系统提示"银行正在处理"，则此时系统不允许客户下载证书或再次缴费，请等待一天后再次查询处理结果或者拨打 95588 请求帮助。缴费成功后才能下载证书信息。

第三节　网上购物

网上购物是指通过网络检索商品信息，通过电子订购单发出购物请求，然后填上私人支票账号或信用卡卡号，厂商通过邮购或快递公司送货上门。

国内网上购物主要付款方式有款到发货（直接银行转账、在线汇款），担保交易（支付宝、百付宝、财付通等担保交易）以及货到付款三种。目前主流的网购平台有淘宝网、拍拍网和当当网等。下面以淘宝网为例，介绍网上购物的方法。

一、注册网上购物账号

要在淘宝网上购买物品，首先需要注册淘宝用户，才能继续操作。

第一步，打开淘宝网，点击"免费注册"，如图 5-9 所示。

第二步，进入注册页面，填写基本注册信息，如图 5-10 所示。

第三步，账户激活。账户激活可以使用两种方法：手机验证和邮箱验证。如选择手机验证，填写未被注册使用的手机号码，输入手机收到的校验码，校验成功后，淘宝账户即注册成功，如图 5-11 所示。

若选择邮箱激活，点击"使用邮箱验证"切换至邮箱注册方式，填写未被注册使用的电子邮箱。绑定邮箱作为联系方式时，需要

图 5-9　免费注册淘宝账号

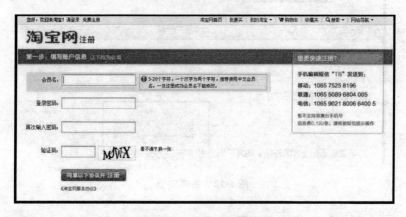

图 5-10　填写注册信息

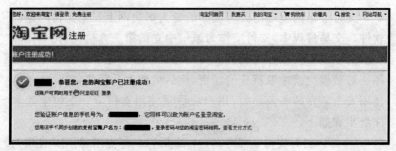

图 5-11　注册成功

通过一个手机号来收取动态校验码,该手机号可以是任意手机号(包括已在淘宝注册过的手机号)。输入手机收到的校验码验证,校验成功后,前往电子邮箱收取淘宝发送的激活邮件。阅读激活邮件内的提示信息,并完成激活,如图 5-12 所示。点击"完成注册",注册成功。

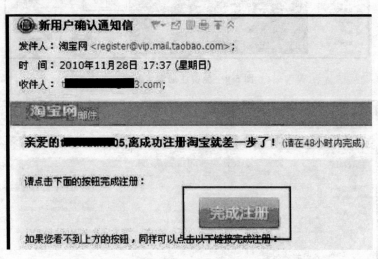

图 5-12　完成注册

二、注册支付宝账号

支付宝是阿里巴巴公司创办的专为解决网上安全支付问题的软件。交易过程中,支付宝作为诚信中立的第三方机构,充分保障货款安全及买卖双方的利益。支付宝安全控件是一个加密审查程序。对数据交换采取特殊的加密,然后检测木马程序,确认支付宝使用安全。在购买商品时,用户应尽量使用支付宝。支付宝账号注册步骤如下。

第一步,打开支付宝官网(www.alipay.com),点击"新用户注册"。

第二步,填写相关的密码。电子邮件最好是淘宝注册的电子邮件,万一密码丢失可以凭电子邮箱取回。登录密码和支付密码需不同才可以注册,最好能记录下来。

第三步,准确地填写相关信息。点击"确定"提交后,前往注册邮箱激活。

三、淘宝购买物品

注册完成淘宝账号后,我们就可以登录淘宝网,开始检索商品,并且购买物品了。

第一步,登录淘宝网,在搜索栏中输入要购买的商品关键字,例如,输入"罗技 MX518 光学游戏鼠标",单击"搜索",如图 5-13 所示。打开搜索信息列表页面。

图 5-13　输入搜索关键字

第二步,可以看到有很多符合条件的商品,选择空间很大。

第三步,单击选中要买的商品,打开该商品的信息页面,可以拖动滚动条,浏览商品信息,确认无误后,单击"立刻购买"打开购买信息页面,如图 5-14 所示。

第四步,填写收货人姓名、地址、电话号码等信息,确认购买数量、送货方式等信息,点击"提交订单"。

图 5-14　商品详细信息

　　第五步,在支付宝页面里,按照提示点击支付宝或相应的网上银行卡。

　　第六步,按照提示,输入银行卡卡号、密码、检验码,插入 U 盾,输入 U 盾密码,点击"确认",最后系统提示付款成功。

　　第七步,收货和评价。物流快递送货需要一定时间,等待收货的过程中,可以查看"我的淘宝"中买到的宝贝信息、购物车信息、收藏等。

　　收到所购买物品,并确认无质量问题后,可以在"我的淘宝"中最近买到的宝贝列表里点击"确认收货"。如果一直没收到货或货有问题,可以通过阿里旺旺联系卖家,协商解决,不要点击"确认收货"。点"确认收货"之后就会转到支付宝付款的页面,输入支付宝密码就可以把钱付给卖家了。

　　付款之后给卖家一个评价,同样卖家也会给买家评价,如图5-15 所示。

图 5-15 提示评价

四、网上购物心得

网上购物有利有弊,弊端在于不能亲自检验商品质量是否过关,用户在网上购买物品时,只能靠在实践中积累的经验来避免购买劣质商品。以下总结了一些网上购物的心得,供大家在网购前参考。

(一)卖家好评度

在购买物品时,参考卖家的好评度是最直接的方法。卖家好评度显示在店铺的"掌柜档案"模块中。

(二)店铺交流区

店铺交流区是买家与卖家之间交流的区域,可以参考交流内容。

(三)多比较

网上商品的价格浮动幅度比较大,可以多检索商品信息,多比较。

(四)不要贪图便宜

不要相信一些亏本甩卖之类的言语,一般比市场价格便宜5%到15%的商品比较正常,切忌贪小便宜。

（五）不要轻信卖家的花言巧语

有些卖家会先通过几次小额交易买卖取得买家信任，然后会在一次大数额的交易中编借口违规操作，如让买家先确认收货、线下汇款、网上银行转账等，即便买家以后知道上当，但却因为交易证据不足而投诉无门。

（六）按照正规途径买卖

任何交易必须按照正常途径进行，所有的违规行为都是没有任何保障的，都是需要买家去承担风险的，所以应尽量使用支付宝购买商品。

（七）虚拟物品交易截图证据

由于虚拟物品交易的特殊性，购买时，一定要截图并保留买卖时双方的对话记录。

（八）牢记买卖操作流程

正确的流程是：双方沟通咨询价格—谈好数量开单—买家付款—进交易管理查询到账情况—回复买家—填写发货清单确认发货—上线交易给买家—交易的同时双方截图—请买家立即确认收货—双方好评。

第四节　网上看病挂号

对于广大的农民朋友来说，到医院看病一直是我们头痛的事情，有时为了挂一个专家号很早就得去排队。现在向大家推荐一个网站，以浙江省大医院的门诊挂号为例。

一、网上挂号流程

在百度搜索中输入"浙江在线健康网"，打开后如图 5-16 所示，点击"挂号"。

图 5-16 浙江在线健康网

这个平台包括浙江省所有的三级甲等、三级乙等、二级甲等、二级乙等医院,理论上,只要是省内看病,在这个平台上都能挂号。现在我们来看下简单的挂号流程,如图 5-17 所示。

图 5-17 预约挂号流程

二、注册

第一步,首先在首页上点击"注册",在进行注册前请仔细阅读服务规则,规则中有服务条款的介绍以及一些注意事项,点击"同意"。

第二步,根据系统提示的注册项逐项填写您的个人资料,其中雪花号(﹡)内容必填,其他项选填,如图 5-18 所示。

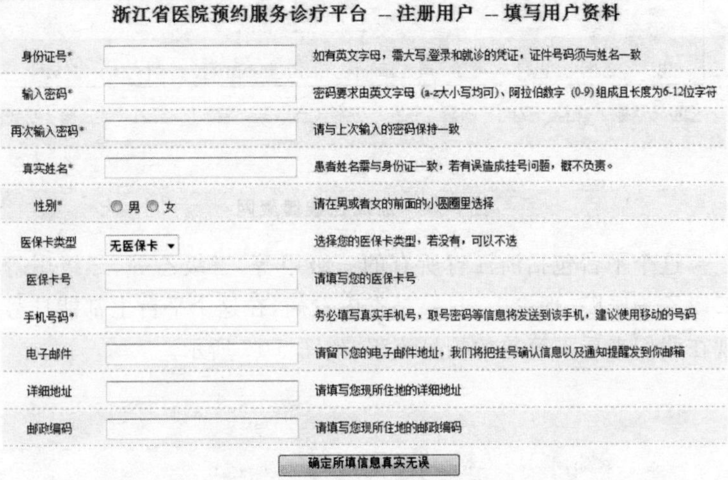

浙江省医院预约服务诊疗平台 – 注册用户 – 填写用户资料

身份证号﹡		如有英文字母,需大写登录和就诊的凭证,证件号码须与姓名一致
输入密码﹡		密码要求由英文字母(a-z大小写均可)、阿拉伯数字 (0-9)组成且长度为6-12位字符
再次输入密码﹡		请与上次输入的密码保持一致
真实姓名﹡		患者姓名需与身份证一致,若有误造成挂号问题,概不负责。
性别﹡	◉男 ◎女	请在男或者女的前面的小圈圈里选择
医保卡类型	无医保卡 ▾	选择您的医保卡类型,若没有,可以不选
医保卡号		请填写您的医保卡号
手机号码﹡		务必填写真实手机号,取号密码等信息将发送到该手机,建议使用移动的号码
电子邮件		请留下您的电子邮件地址,我们将把挂号确认信息以及通知提醒发到你邮箱
详细地址		请填写您现所住地的详细地址
邮政编码		请填写您现所住地的邮政编码

确定所填信息真实无误

图 5-18　填写注册信息

身份证号和姓名必须是患者本人的,要跟身份证上的一致。如果用户不清楚自己的医保属于哪个类型,那么选择无医保卡,这个不影响医保用户的报销。建议用户最好选择移动的号码,以便更好地接收平台下发的短信。

第三步,注册过程中有一项验证码输入已经验证的步骤,验证码通过用户所填的手机号码发送,用户在填写完手机号码后,点击后面的获取验证码的按钮(如图 5-18 所示),验证码会通过手机短信的形式下发到用户所填的手机号码上，用户在收到短信后将短信上的验证码填回到手机验证码的那一项。

第四步，系统提示"恭喜您，注册成功！"表示用户已经注册成功，用户可以在平台上进行预约了。

第五步，若注册失败系统会有提示，一种情况是该用户已注册，可使用身份证末尾 8 位作为密码直接登录。还有一种情况是数据校验错误，由于中心平台对用户资料所填信息的字段长度等做了设置，有时候由于用户所填的信息的字段长度超出了中心平台的最大限制数，系统会提示数据检验失败。

三、用户登录

平台提供多个用户登录口，根据系统的提示依次输入注册时留的身份证号、密码，以及系统给出的验证码（照抄系统给出的验证码，如果提示验证码错误，点击验证码，让系统再出一组验证码）。身份证号中如果有英文字母的，统一用大写。

如果提示身份证格式不对，那请仔细检查身份证号，最好对照身份证原件进行输入，如果提示密码错误，那可以通过忘记密码功能取回密码，密码将以短信的形式发送到注册时所留的手机号码上。

四、查询医生信息

医生信息的查询有两种方式。第一种查找方式是通过搜索查找，这里用省级医院浙江大学医学院附属妇产科医院来举例。

通过搜索查找专家号，如图 5-19 所示。点击"搜索"进入到了林永华医生的个人页面，如图 5-20 所示。

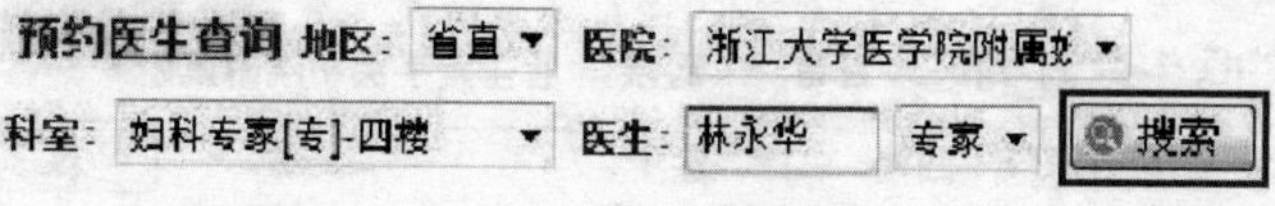

预约医生查询 地区：省直 ▼ 医院：浙江大学医学院附属妇 ▼

科室：妇科专家[专]-四楼 ▼ 医生：林永华 专家 ▼ ◎搜索

图 5-19 搜索专家医生

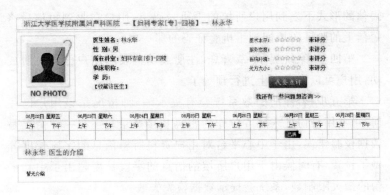

图 5-20　搜索结果 1

　　如果要搜索浙江大学医学院附属妇产科医院林永华医生,但不知道他具体属于哪个科室。可以把林永华医生在浙江大学医学院附属妇产科医院的所有科室的排班都搜索出来,如图 5-21 所示。

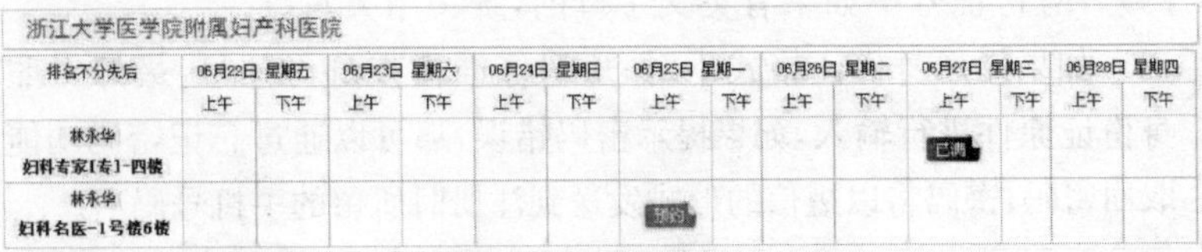

图 5-21　搜索结果 2

　　如果不知道该预约哪个医生,那么可以到浙江大学医学院附属妇产科医院妇科专家【专】-四楼,看谁有号就预约。按照图 5-22 所示的搜索项设置搜索,把浙江大学医学院附属妇产科医院妇科专家【专】-四楼全部医生搜索出来,结果如图 5-23 所示。

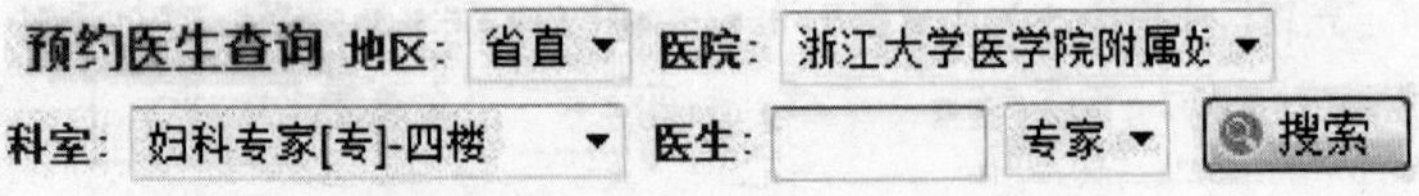

图 5-22　不知名字下搜索专家医生

图 5-23　专家医生列表

第二种查找方式是通过专家门诊/普通门诊引导查找。查找专家门诊，如图 5-24 所示：点击导航栏上的专家门诊，然后点浙江大学医学院妇产科医院，然后在科室列表中点击妇科专家【专】-四楼，进入科室后会看到所有的妇科专家，如图 5-25 所示。

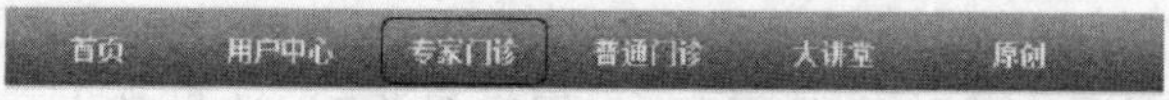

图 5-24　导航栏上的专家门诊

图 5-25　所有妇科专家

查找普通门诊,点击导航栏上的普通门诊,然后点浙江大学医学院妇产科医院,然后在科室列表中选择点击普通妇科二区-三楼,进入科室后会看到所有在普通妇科二区-三楼中普通门诊的信息,如图 5-26 所示。

浙江大学医学院附属妇产科医院 一【普通妇科二区-三楼】																
排省不分先后	06月22日 星期五		06月23日 星期六		06月24日 星期日		06月25日 星期一		06月26日 星期二		06月27日 星期三		06月28日 星期四	
	上午	下午	上午	下午	上午	下午	上午	下午	上午	下午	上午	下午	上午	下午
普通门诊							预约	预约	预约	预约	预约	预约		

图 5-26　查找到的普通门诊

五、预约医生

医生的预约信息搜索出来后,就可以进行预约操作了,点击预约后,系统会新出现一个弹出层(如未在登录状态下,会提示您先进行登录操作),上面列出了所有可预约的具体号源,每个号源对应一个时间(该时间就是就诊的时间,由于具体时间很难掌握,这里给出的是一个大致的时间)。用户操作时,选择其中一个时间(把时间后面的空心圆选中变成实心圆),再把下面所给的验证码输完(譬如是 6+2=,输入运算结果 8),然后点击下面的确认按钮。这时,系统会判断预约是否成功,如图 5-27 所示。

(一)预约成功

经过上面一系列的操作预约成功后,网页上将提供预约的具体信息以及注意事项请牢记预约信息和取号密码,就诊当日在规定时间之前到医院正常就诊,并带患者的证件(成人患者为身份证原件,儿童患者为户口本原件),如图 5-28 所示。

(二)预约失败

由于医生的号源由各家医院在维护管理,不可避免会出现一部分错误信息。如果出现错误,请联系平台客服解决。

图 5-27　预约具体的号码

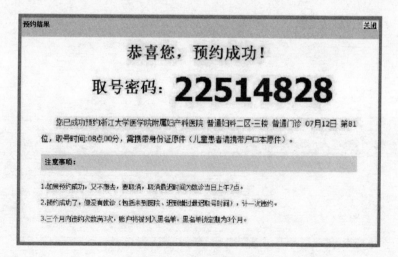

图 5-28　预约成功提示

六、退号

由于各方面的原因,成功预约后不想去医院就诊,这时就需要退号。退号操作分以下几步:

第一步,进入预约记录,点击想要取消那条记录后的"查看/取消"。

第二步,点击后在进入的页面上的"取号密码"栏中输入取号密码后,点击"取消预约"。

第三步,平台为了防止用户误操作,设置了再次确认的步骤,如果您确实要取消,点击"确认",退号操作完成。

第六章　网络娱乐和安全

之前我们说了一些网络的实际应用,网络在娱乐方面的应用也是十分广泛的,为我们增加了很多娱乐方式。

第一节　QQ 网络聊天

作为国内应用最广泛的网络聊天工具 QQ,它支持显示朋友在线信息、即时传送信息、即时交谈、即时发送文件、聊天室、传输文件、语音邮件和手机短信服务等功能。

一、下载和安装 QQ

第一步,启动 IE8 浏览器,在地址栏中输入网址"im. qq. com",打开"I'M QQ－QQ 官方网站"页面。

第二步,点击"下载 QQ"选项。在排列出的很多 QQ 软件的版本中选择一个,点击边上的"下载"按钮。

第三步,选择下载文件的常用存放目录,如图 6-1 所示,点击"立即下载"。

第四步,找到下载好的 QQ 安装文件,双击鼠标左键打开它。

第五步,开始安装,仔细阅读软件许可协议和青少年上网安全指引,并在"我已阅读并同意软件许可协议和青少年上网安全指引"前打钩,点击"下一步"。

第六步,在"自定义安装选项"中建议把系统默认的"安装 QQ 工具栏及中文搜搜""安装 QQ 音乐播放器""安装腾讯视频播放器""独享 QQ 等级双倍加速安装 QQ 电脑管家＋金山毒霸套装免

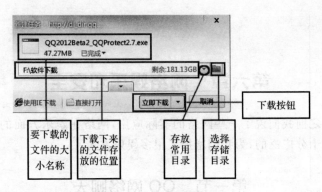

图 6-1　QQ 下载对话框

费获得"之前的钩点击去掉，把下面快捷方式选项中的桌面打上钩，如图 6-2 所示。

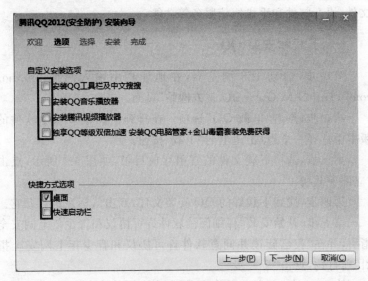

图 6-2　安装向导

第六步，选择 QQ 的安装目录，确定在计算机中的安装位置。

第七步,QQ 中会有许多收到的文件,这里要确定这些文件放在哪里,系统默认是在"我的文档"里,如果不满意的话可以通过点击"自定义"来改变。点击"安装"按钮开始安装。

第八步,选择软件的更新方式,可以选择"有更新时自动为我安装"这样比较省心,点击"下一步"。

第九步,有几个选择,分别为"开机时自动启动腾讯 QQ2012(安全防护)""立即运行腾讯 QQ2012(安全防护)""设置腾迅网为主页""显示新特性"。主要看个人需要来选择,点击"完成",安装完成。

二、申请 QQ 号码

想要使用 QQ 和朋友聊天,必须先去申请一个自己的 QQ 号码。申请号码的步骤如下:

第一步,启动 IE8 浏览器,在地址栏中输入网址"im. qq. com",按下"Enter"键,打开"I'M QQ－QQ 官方网站"页面。

第二步,单击"申请 QQ 账号"后,进入"下一步",填写用户资料,这里要填写的内容很简单,只要填上"昵称"(在 QQ 上的名字)、密码(最好不要太简单)、性别、生日、所在地,然后点击"立即注册",如图 6-3 所示。

第三步,系统提示申请成功,一定要记住 QQ 号码,因为以后登录就靠这个号码了。

三、登录 QQ 号码

在登录时只要输入 QQ 号码和密码就可以了。登录之后 QQ 的界面如图 6-4 所示。

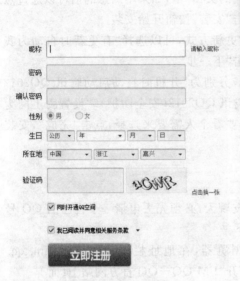

图 6-3　填写申请资料

图 6-4　QQ 界面

四、查找和添加好友

新的 QQ 号码是没有任何好友的,如果要使用 QQ 聊天,首先要添加好友,添加好友可以输入对方的 QQ 号码进行精确查找,也可以通过 QQ 服务器查找。

(一)精确查找 QQ 好友

通过好友的昵称和号码来查找,其步骤如下:

第一步,单击 QQ 窗口右下角的"查找"按钮,打开"查找联系人"对话框,输入对方的昵称或号码后,点击"查找"按钮。

第二步,在找到的好友记录右边点击"＋"号,加为好友,如图 6-5 所示。

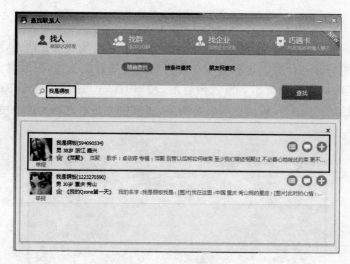

图 6-5 按昵称查找好友

第三步,在添加好友对话框中,可以在备注姓名中填上好友的真实姓名(这样方便查找),可以在分组中为好友分类。

第四步,点击"下一步"按钮,跳出添加好友完成对话框。

(二)通过 QQ 服务器查找好友

通过 QQ 服务器查找好友的范围比较大,一般用于查找在线的 QQ 用户,步骤如下:

第一步,单击 QQ 窗口右下角的"查找",打开"查找联系人"对话框。

第二步,选中"按条件查找",选择要查找的条件,单击"查找"。

第三步,剩余步骤和精确查找后面的步骤一致。

五、使用 QQ 聊天

添加 QQ 好友后,就可以和对方进行即时聊天了,如文字、语音或视频聊天。

(一)和 QQ 好友进行文字聊天

如果 QQ 好友头像显示为彩色,表示该好友现在是在线的,可以和对方进行聊天。双击 QQ 好友列表中的好友头像,打开聊天窗口,如图 6-6 所示。输入内容后,按"Ctrl"+"Enter"键或单击"发送"。对方收到消息后就会回复,回复也会显示在聊天窗口中。

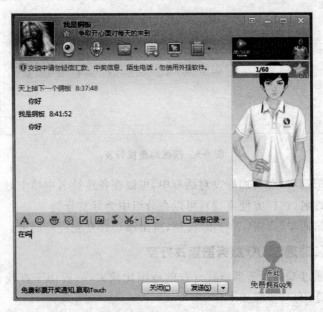

图 6-6　QQ 文字聊天窗口

(二)和 QQ 好友进行语音聊天

与好友进行语音聊天必须安装并调试好耳机和麦克风。打开与 QQ 好友的聊天窗口,单击工具栏"开始语音会话"向好友发出语音聊天请求,在聊天窗口中会显示"等待对方接受邀请"信息。建立语音连接后,就可以通过麦克风进行语音聊天了。如果不再需要语音聊天了,可以点击"挂断"。

（三）与 QQ 好友进行视频聊天

视频是比较流行的网络通信方式，只要双方安装并调试好摄像头，就可以视频聊天了。打开与 QQ 好友的聊天窗口，单击工具栏"开始视频会话"按钮，在弹出的下拉列表中选择"开始视频会话"，如图 6-7 所示。向好友发送视频聊天请求，在聊天窗口显示"等待对方接受邀请"信息，单击"关闭"按钮，可以取消发送请求。等对方接受请求，建立视频连接后，就可以通过摄像头进行视频聊天。

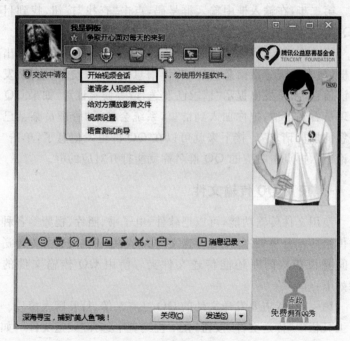

图 6-7　发出视频聊天请求

六、加入 QQ 群

QQ 群是腾讯公司推出的多人交流的沟通平台。群主创建群后,可以邀请朋友或有共同兴趣爱好的人到一个群里聊天。除了聊天,腾讯公司还提供了群空间服务,用户可以使用论坛、相册、共享文件等多种交流方式。加入 QQ 群的步骤如下。

第一步,单击 QQ 窗口右下角的"查找",打开"查找联系人"对话框,点击"找群"。

第二步,在输入框中输入群号码,点击"查找"按钮,找到目标 QQ 群。

第三步,单击目标群右边"加入群",申请加入 QQ 群,跳出对话框,要求验证身份信息,输入验证信息后点击"发送"按钮,发送申请信息,系统发出提示"请求已发送,请等候验证"。如果 QQ 群管理员看到申请,把你加入到群里,系统会提示"管理员某某已通过您的加群请求"。接下来就可以在 QQ 群里发信息了,单击"群讨论组",再点击对应的 QQ 群名称就能打开对应的群。

七、使用 QQ 传输文件

使用文件传输功能,可以把软件、电子书、照片、视频等各种文件传给好友分享,并且没有传送文件大小的限制(大的文件传送的时间要长些),同时还能传送文件夹。使用 QQ 传输文件的步骤如下:

第一步,双击要发送文件的 QQ 好友头像,打开聊天窗口。单击工具栏中"传送文件"按钮,在下拉列表中选择"发送文件",如图6-8 所示。

第二步,在跳出来的对话框中选择要传送的文件,点击"打开"就能发送过去了,如图 6-9 所示。

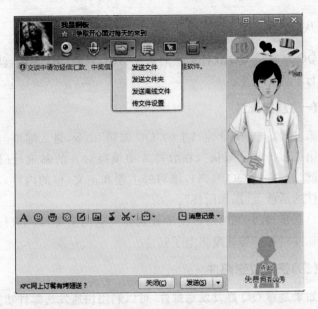

图 6-8　发送文件

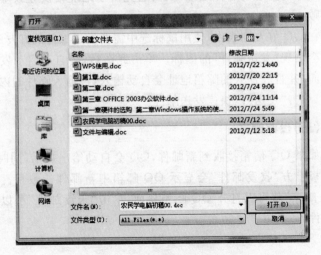

图 6-9　选中对应文件点击打开

八、使用 QQ 邮箱

QQ 邮箱是 QQ 软件提供的特色功能,只要 QQ 在线,就能轻松进行邮件的收发。

(一)发送邮件

第一步,点击 QQ 窗口上的"QQ 邮箱"命令,进入邮箱。

第二步,点击"写信",在收件人中填写对方的邮箱号码(QQ邮箱就是对方的 QQ 号码),填写好主题和正文(信的内容),要添加文件的话就点"添加附件"。

第三步,在打开的对话框中找到要发送的文件,点击"打开",点击邮件"发送"按钮发送电子邮件。

(二)快速发送邮件

如果是对 QQ 好友发送邮件,可以利用快速发送邮件功能,这种方式不需要填写邮件地址,从而避免由于地址错误导致邮件发送失败。

在 QQ 好友列表中,使用鼠标选中需要发送邮件的好友头像,下文会出现"发送邮件"的图标。单击此图标,会自动启动发送邮件界面,并且收件人的邮箱地址会自动输入,再输入邮件的内容和主题,单击"发送"以快速发送邮件。

(三)接收邮件

如果 QQ 信箱接收到新邮件,QQ 会自动给出提示,同时 QQ主面板上方"收发邮件"会显示 QQ 邮箱中新邮件的数目。单击"QQ 邮箱"就可以打开 QQ 邮箱界面,单击"未读邮件"可以查看新邮件。

第二节　网络视听

我们可以进入一些在线电影、在线听歌和在线视频网站,进入网络视听生活。

一、使用迅雷看看网上看电影

一般来说网上看电影需要安装插件,IE8 浏览器一般都安装了这些插件,如果未安装,只要更新一下浏览器就好了。网上看电影一般分以下几步:

第一步,启动 IE 浏览器,在地址栏中输入网址"movie. xunlei. com",按下"Enter"键,打开"迅雷看看"页面。

第二步,单击想要收看的电影链接,打开在线收看页面。单击"播放"按钮,打开播放页面,等待缓冲后,就可以在线收看影片了。

第三步,观看影片时,可以调节音量、切换全屏模式、拖动进度条等,操作方法与传统播放器相同。

在线进行网络视听时,通常会在开始几秒出现缓冲进度,缓冲是为了保证画面流畅,先进行缓冲把数据下载到计算机上再播放,相当于从计算机上读取数据来播放,以免网络连接状况不稳定引起观看效果不好。

二、在线听音乐

在线听歌曲与在线观看电影或电视节目相同,直接打开在线听音乐的网站,选择要收听的歌曲就可以在线收听。在线听音乐的步骤如下:

第一步,启动 IE 浏览器,在地址栏中输入网址"www. 1ting. com"。按下"Enter"键,打开"一听音乐网"网站。

第二步,单击超链接浏览所需要收听的歌曲,利用网站提供的搜索功能,在搜索栏中输入歌曲名称或歌手名字,单击"搜索",打开搜索信息列表页面。

第三步,单击搜索信息列表页面中所要收听的歌曲右侧对应的播放按钮。打开在线试听页面,等待缓冲完成后,就可以在线收听歌曲了。

三、在线观看视频

视频主要是指将一系列的静态影像以电信号方式加以捕捉、记录、处理、储存、传送与重现的各种技术。在线观看视频不需要安装软件,直接在专门的视频网站上就可以收看。

下面以优酷网为例说明视频收看过程。

第一步,启动 IE 浏览器,在地址栏中输入网址"www.youku.com",按下"Enter"键,打开优酷网页面。

第二步,在搜索栏中输入要收看的视频名称,单击"搜索",打开搜索信息列表页面。

第三步,在搜索信息列表页面,单击要收看的视频链接,一般情况下,搜索同一个视频内容会显示多个链接,推荐选择高清视频。打开视频播放页面,等待缓冲完成后,就可以播放视频内容了。

第三节 网络游戏

网络给我们带来了在线游戏这种娱乐方式,只要拥有一台连接了网络的计算机,就可以和网络上的其他玩家共同游戏。下面为大家介绍"中国地方游戏网"。

一、登录游戏网站并下载游戏

打开 IE 浏览器,输入"www.dfgame.com"进入中国地方游戏网主页。单击"游戏下载"按钮进入下载页面。游戏的种类有很多,有中国象棋和五子棋等通用游戏,也有嘉兴原子和红十等地方特色游戏。下载游戏的过程很简单,选中目标按照提示操作即可。

二、安装游戏

进入地方游戏网,首先要安装游戏大厅,它会带领您进入我们的各个游戏,具体的安装过程如下:

第一步,双击下载的大厅安装文件的图标,如图 6-10 所示。

图 6-10 游戏大厅安装文件

第二步,点击"下一步"开始安装,看完条款后,如果无异议,选择"我同意上述条款和条件"。

第三步,选择好安装目录后就点击"下一步",点击"完成",大厅便安装成功。

三、登录游戏

双击"登录到中国地方游戏网图标",启动游戏登录界面就可以进行登录。如果第一次登录,点击登录界面上的"用户注册"申请一个用户 ID。

在账号信息中填入相关信息,点击"确定",注册成功。

首先在地图或导航栏中指定所要登录的服务器,在登录界面上输入用户名和密码。选择"显示所有地方站点"可以在登录后玩到所有站点的游戏。点击"登录",进入大厅,准备开始游戏。

四、开始游戏

登录游戏大厅后,双击游戏名字,便可进入游戏。如果没有下载游戏,或者版本不够新,右键点击游戏,选择"下载游戏"。

进入游戏后会出现选择房间画面,选择自己级别接近的房间,点击"确定"便可进入。坐下后,点击"开始"等待玩家坐满后便进入游戏。进入游戏后,当所有的玩家都点击"开始"后,就可以开始游戏了。

第四节　计算机网络安全

越来越多的经济和商业事务可以通过网络完成,但网络上流通信息的"含金量"越来越大,如果不注意安全,随时会造成意外的损失。例如,黑客窃取网上银行支付密码,盗用用户现金,窃取用户的个人邮箱密码,偷看个人及商业机密等。虽然,有不少人意识到信息安全,但是苦于没有相关知识而无从入手,现在来看看这方面的知识。

一、网络安全隐患

要提高网络安全意识,首先要了解不利于安全的网络因素。主要有三大危机,分别是黑客、木马和病毒。

(一)黑客

黑客是热衷于网络应用、打破传统的网络限制为资源共享而努力的人,早期在美国电脑界带有褒义。但是随着黑客技术被滥用,时至今日,黑客在大多数场合,指入侵他人计算机,非法获取数据、破坏系统的人。

(二)木马

木马是一种后门程序,它通常由黑客植入或通过电子邮件或其他方式骗取用户执行,执行后潜伏在用户的计算机中,记录用户的输入,提供非法控制、访问用户计算机的管道,以及提供以下常见功能:

第一,远程文件传输。让黑客方便窃取或删除、破坏文件。

第二,非法启动网络服务。让客户端的计算机变成服务器,向非法用户提供服务,如启用 FTP 服务,变成地下 FTP 服务器传播色情影片。

第三,屏幕监视。像在用户身后一样,完全监视用户操作。

第四,远程控制。控制用户的计算机,使被控制用户做非法勾当,例如,当成跳板去攻击其他用户。

(三)病毒

病毒是一种恶意计算机程序,它可以自我复制,并通过网络、移动存储设备等方式,传播到其他计算机,造成系统运行不稳定或变慢,甚至损坏系统数据,破坏用户文件。

二、应对危机

应从主观上重视,养成良好的上网习惯和较强的防范意识,再辅助软件技术手段就能很好地解除危机。

(一)良好的上网习惯

每次上网时检查一下杀毒程序与防火墙是否打开。请勿使用未加密的电子邮件寄送账号与密码和其他机密资料。不要随意运行从网络上下载的不明程序,除非网站值得信任,否则不要安装它提供的插件和其他程序。不要随意点击出现在 QQ、MSN 上的超链接,也不要随意执行从即时通讯工具传送过来的文件。输入密码时通过鼠标乱序输入。比如,输入密码为"5487",那么可以先输入"48"，再使用鼠标切换到"4"之前输入"5"，切换到"8"之后，输入"7"，避免键盘窃听。

避免在聊天室或即时通讯中公开自己的真实姓名及联系方式。在查证之前，不要轻易依照电子邮件的内容去做。例如，收到要求提供账户及密码的电子邮件，在向银行或服务提供商查询证实之前，不要提供自己的账户及密码。

(二)杀毒和木马防护软件

我们以 360 杀毒软件和 360 安全卫士为例，说明一下软件的具体功能和使用方法。

(一)360 杀毒软件

第一步，启动 IE 浏览器，在地址栏中输入"www. 360. cn"，打开"360 安全中心"页面，点击"360 杀毒下载"按钮，开始下载。

第二步，双击运行下载好的安装包，弹出 360 杀毒安装向导。在这一步您可以选择安装路径，建议您按照默认设置即可。当然您也可以点击"浏览"按钮选择安装目录。

第三步，安装完成，打开 360 杀毒软件的界面。从 360 杀毒界面上看，有以下几个模块。

1. 病毒查杀

病毒查杀包括快速扫描、全盘扫描、指定位置扫描和 Office 宏病毒扫描。

2. 实时防护

实时防护包括入口防御、隔离防御和系统防御。

3. 安全保镖

安全保镖包括网购保镖、搜索保镖、下载保镖、看片保镖、U 盘保镖和邮件保镖。

4. 病毒免疫

病毒免疫包括动态链接库劫持免疫、流行木马免疫和 Office

宏病毒免疫。

5.工具大全

工具大全共有系统安全、系统优化和其他工具。

不管是什么杀毒软件,一定要及时升级病毒库,不升级的杀毒软件是没用的。我们可以在设置中设定让软件自动升级并定期扫描计算机查杀病毒。

(二)360 安全卫士

360 安全卫士是国内最受欢迎的免费安全软件,它拥有查杀流行木马、清理恶评及系统插件、管理应用软件、系统实时保护、修复系统漏洞等强劲功能,真正为每一位用户提供全方位的系统安全保护。

360 安全卫士的下载及安装和 360 杀毒软件是一样的,这里就不再重复了。下面主要介绍下 360 安全卫士的主要功能,其主界面如图 6-11 所示。

图 6-11　360 安全卫士的主界面

界面上方主要有九个功能模块:电脑体检、查杀木马、清理插件、修复漏洞、系统修复、电脑清理、优化加速、功能大全和软件管家。

1. 电脑体检

体检功能可以全面检查电脑各项状况。体检完成后会提交一份优化电脑意见,可根据需要对电脑优化,也可以选择一键优化。体检可以让您快速全面地了解您的电脑,并且可以提醒您对电脑做一些必要的维护。例如,木马查杀、垃圾清理、漏洞修复等。定期体检可以有效地保护您电脑的健康。点开 360 安全卫士的界面时,体检会自动进行。

2. 查杀木马

利用计算机程序漏洞侵入后窃取文件的程序被称为木马。利用木马查杀功能可以找出电脑中疑似木马的程序,并在取得允许的情况下删除。木马对电脑危害非常大,可能导致支付宝、网络银行等重要账户密码丢失,还可能导致隐私文件被拷贝或删除,所以及时查杀木马对安全上网十分重要。点击进入木马查杀的界面后,可以选择"快速扫描"、"全盘扫描"和"自定义扫描"来检查电脑里是否存在木马程序。扫描结束后若出现疑似木马的程序,可选择删除或加入信任区。

3. 清理插件

插件是遵循一定规范的应用程序接口编写出来的程序。很多软件都有插件,例如,在 IE 浏览器中,安装相关的插件后,Web 浏览器能够直接调用插件程序,用于处理特定类型的文件。过多的插件会降低电脑运行速度,清理插件功能会检查电脑中安装了哪些插件,可根据网友对插件的评分以及需要来选择清理和保留。点击进入"清理插件"页面后,点击"开始扫描"。

4. 修复漏洞

系统漏洞指 Windows 操作系统在逻辑设计上的缺陷或在编写时产生的错误。系统漏洞可以被不法者或者电脑黑客利用,通过植入木马、病毒等方式来攻击或控制整个电脑,从而窃取电脑中的重要资料和信息,甚至破坏您的系统。可单击右下方的"重新扫描"以查看是否有需要修补的漏洞,如图 6-12 所示。

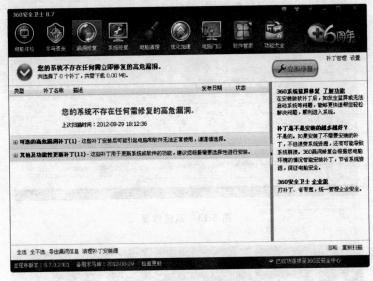

图 6-12　修复漏洞

5. 系统修复

系统修复可检查电脑中多个关键位置是否处于正常状态。当浏览器主页、开始菜单、桌面图标、文件夹、系统设置等出现异常时,使用系统修复功能,可以找出问题原因并修复,如图 6-13 所示。

6. 电脑清理

垃圾文件指系统工作时过滤加载出的剩余数据文件。垃圾文件长时间堆积会降低电脑运行速度和上网速度,浪费硬盘空间。您可以勾选需要清理的垃圾文件种类并点击"开始扫描"。如果不清楚哪些文件该清理,哪些文件不该清理,可点击"推荐选择",如图 6-14 所示。

农民学计算机用计算机读本

图 6-13　系统修复

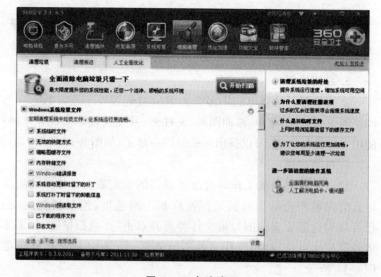

图 6-14　电脑清理

7. 优化加速

全面优化系统，提升电脑速度，更有专业贴心的人工服务，如图 6-15 所示。

8. 功能大全

功能大全提供了多种实用工具，有针对性地解决电脑问题，提高电脑速度，如图 6-16 所示。

9. 软件管家

软件管家聚合了众多安全优质的软件，可供方便、安全地下载。如果下载的软件中带有插件，软件管家会提示。从软件管家下载软件不需要担心下载到木马病毒等恶意程序。同时，软件管家还提供了"开机加速"和"卸载软件"的便捷入口，如图 6-17 所示。

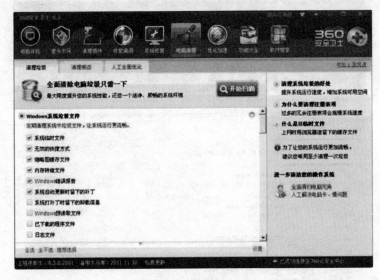

图 6-15　优化加速

图 6-16 功能大全

图 6-17 软件管家

（三）其他措施

1. 开启系统防火墙

点击"开始"菜单，打开"控制面板"，点击"系统和安全"，找到"Windows 防火墙"，使它的状态处于"开启"。

2. 提高浏览器安全级别

打开 IE 浏览器，点击"工具"菜单，选中"Internet 选项"命令，点击"安全"选项卡，点击"自定义级别"按钮，将级别设定为"高"。